华夏文库·科技书系

中国的开方术与一元高次方程的数值解

段耀勇　著

中原传媒　中州古籍出版社

《华夏文库》发凡

毫无疑问，每一个时代都有属于自己的精神追求、文化叩问与出版理想。我们不禁要问，在 21 世纪初叶，在全球文明交融的今天，在信息文明的发轫初期，作为一个中国出版人，我们正在或者将要追求什么？我们能够成就或奉献什么？我们以何种方式参与全球化时代的文化传播进程？在一连串的追问下，于是，有了这套《华夏文库》的出版。

自信才能交融。世界各大文明在坚守自身文化个性的同时，不约而同地加快了探视其他文化精神内涵的步伐，世界不同文明正在朝着了解、交流、碰撞、借鉴与融合的方向前进。在此背景下，建立自身的文化自信，正是与世界各文明民族进行文化交流的基本要求。五千年中华文明与文化正在不断地被其他文明所发现、所挖掘、所认知，汉语言正在成长为世界语言，儒文化正在世界各地生根发芽。

借助这样一种正在成长着的文化自信、自觉、开放、亲和之力，用我们这个时代的学术眼光全面系统梳理中华五千年的文明与文化，向其他各大文明与文化圈正面展示自我，让中华优秀文化成为世界文化的重要组成部分，正是我们出版这套文库的目的之一。此其一。

知己才能知彼。身处五千年文化浸润的今天，重新思考我们先人的人生思考、价值思考与哲学思考，找到一个民族、一个国家的价值所在、立命所在、安身所在，这已经是我们这个时代的学人与出版人不得不再思考的问题。作为传承中华文明的一分子，我们在思考的同时，还必须了解我们的先人创造了如何优秀的精神文明与物质文明以及社会文明。只有熟知自己的文化，热爱自己的文化，悟明自己的文化，我们才能宣说自己、弘扬自己、光大自己。因此，我们策划组织这套《华夏文库》的初衷，还在于让当下的知识青年全面系统瞭望中华文明与文化的全景，并借此能够为更为深广的世界各民族文化提供一个比较认知的基础。此其二。

顺势才能有为。我们正处在农耕文明、工业文明、信息文明的交汇处，信息文明带领我们从读纸时代进入读屏时代，以智能手机屏幕为代表的书籍呈现方式正在与纸质书籍争夺阅读时间与空间。我们正在领悟数字技术，正在从信息文明的视角，去整理、分析和研究农耕文明与工业文明的文化遗产，不仅仅是为了唤醒优秀的传统文化，我们还在生发和原创着当今时代的文化。由此，我们试图架起一座桥梁——由纸质呈现而数字呈现，由数字呈现而纸质呈现，以多媒介的书籍呈现方式，将文字、图像、声音与视频四者结合，共同筑成《华夏文库》以奉献给信息文明时代的新读者。此其三。

总之，这是一套——专家大家名家写小书；以最小的阅读单元，原创撰写中华精神文明、物质文明与社会文明系列主题与专题；以图文、音视频多媒介呈现的方式，全面介绍与传播中华文明与优秀文化，系统普及与推介中华文明与文化知识；主旨是为了让世界与中国共同了解中国的——大型丛书。借此，复兴文化，唤起精神，融入世界。

耿相新

2013 年 6 月 27 日

前　　言

　　随着当今计算机技术的高速发展，数值计算的软件功能也变得越来越强大。现今，在业界"横行霸道"的综合性软件是 Matlab，另外以符号计算著称的 Maple 和 Mathematica 这几年在数值计算上也有长足的发展。这就使得我们面对的一些数值计算问题变得非常简单，即只用软件的一条命令，输完命令代码，轻敲回车，所需数值结果就会出现在我们的视野里。比如，我们可以用 Maple 或者 Matlab 的命令 solve（equation，x）求解本书要介绍的高次方程的数值解问题。当然，现在一些科学计算器也能解决一些简单的数值计算问题，如我们可以利用计算器上的 $x^{\frac{1}{n}}$ 按钮进行开方运算。但是，无论是从知识的获取和综合素质的提高，还是就算法本身来讲，了解数学软件或计算器后台使用的算法形成和发展过程，对学习者来说都是大有裨益的。为此，我们需要回到历史的维度中重新审视这些算法的发展过程。

　　在整个世界数学发展的长河中，中国数学有其独特的地位。公元前 24 世纪左右开始的两河流域的数学和公元前 1 世纪左右开始的尼罗河流域数学最先发展起来。公元前 7 世纪起，希腊地区发达的数学开始取而代之。约公元前 3 世纪至公元 14 世纪初，中国取代古希腊成为世界数学研究的中心，之后印度和阿拉伯地区的数学也发展起来。欧洲数学度过了中世纪的黑暗之后，随着 14 世纪至 16 世纪的文艺复兴，17 世纪中叶之后开始进入变量数学时代。从此，欧洲以及 20 世纪的苏联、美国一直占据着世界数学研究的中心位置。

另一方面，在历史长河中，数学机械化算法体系与数学公理化演绎体系曾多次反复，互为消长，并且交替成为数学发展的主流。从公元前 2、3 世纪至 14 世纪初，中国数学以极具东方色彩的算法特征取得了很好的发展。正是以中国数学为源头和重要组成部分的东方数学传到欧洲后，遇到了发掘出来的古希腊数学，二者的有机结合导致西方数学模式和数学家数学观的改变。他们开始重视数学计算，促使了几何问题的代数化，这些工作铸就了文艺复兴后欧洲数学的繁荣，并开辟了通向解析几何和微积分的道路。

在具有算法和实用倾向的中国古代数学的母体中，开方算法最终孕育和成熟为高次方程的数值解的一般方法，即北宋数学家贾宪所创的增乘开方法，它是中国古代数学中最辉煌的成就之一。这一方法直到 13 世纪中叶，才最终完备起来，但它的胚型可以追溯到成书于公元 1 世纪左右的数学典籍《九章算术》之前。《九章算术》第四章"少广"的"开方术"实际上就是解一类特殊的高次方程 $x^n = A$ 的问题，或者叫开方根问题，简称开方问题。

中国古代的开方，既包括求方根的开方，也包括求一般的高次方程的数值解，即开带从方[1]，这两种方程形式在《九章》中均有记载。这两种形式就是求 $\sqrt[n]{A}$ 及 $a_0 x^n + a_1 x^{n-1} + \cdots + a_{n-1} x + a_n = 0$ 的一个正根的方法，属于中国古代最为发达的数学内容之一。显然，这里开带从方是开方根一般形式。从汉代到唐代，人们只能开正系数的平方和立

---

[1] "从"通"纵"，"带从"是指高次方程中含有除最高次项和常数项之外的项。

方，宋元时代发展为开任意的高次方，此时的天元术和四元术是中国古代数学家的另外两大杰出创造，两者也可以归结为解高次方程数值解问题。此外，中国古代有关代数方程的理论以及对有理数的扩充，也直接受惠于开方算法。因此，我们一起走进中国古代极具特色的数学世界，重走从开方根到高次方程的数值解法的奇幻之旅，会得到不同的体验和收获。

我们将沿着如下线索介绍中国古代开方算法发展历程。首先界定开方问题，指出中国古代对开方的认识和定义。其次在此基础上，按照从先秦到清末的时间顺序综述中国开方术的产生和发展，同时把中国的开方算法与印度及西方的开方算法进行简要对比，指出中国开方算法的独特性。

本书共八章。第一章主要介绍中国的盈不足术，它是"开方术"即开方算法出现之前的开平方的近似算法。

第二章介绍刘徽和《九章算术》中的"开方术"，即包括开带从方的最早和最完善的成熟的开方算法。它也是世界上最早、最完备的开平方和开立方的开方程序，与今天中学数学中的笔算开方算法完全一样。和同时代的古希腊开方算法相比，它更具程序化和机械化的算法特征。

第三章介绍"开方术"在中国的发展，即经过祖冲之的开差幂、开差立算法，再加上贾宪三角发展为可以求解任意高次方程一个正根的"立成释锁"方法。此时的高次方程次数可任意高而且系数符号也没有限制。

第四章介绍贾宪所创"增乘开方法"，它是高次方程求一个正根数值解的一般方法，计算程序大致和欧洲数学家霍纳的方法相同，但比他早770年。今天我们数学中所用到的综合除法，其原理和程序都与其相仿。增乘开方法比传统的同时期的立成释锁方法整齐简捷，又更程序化，在开高次方时，优越性尤其明显。

第五章介绍具有中国特色的珠算开方算法。之前的开方算法都是用算筹[1]来计算的，随着算盘的出现，传统的筹算开方法历经筹算开方新法发展为珠算商除开方法，最后发展为珠算归除开方算法。简单来说，珠算开方就是算盘上的立成释锁方法，当然计算过程受到算盘的影响，与筹算的立成释锁差别很大。

第六章介绍开方算法与高次方程的无理根、负根、重根和虚根等各种根的讨论，判断正根个数（笛卡儿符号法则）的方法以及根与系数的关系（韦达定理）等。这里需要强调的是中国的方程论结果是深深植根于中国古代数学一脉相承的开方运算的土壤里，很有特色。

第七章介绍基于中国传统开方法的高次方程多个根的具体解法，通过具体题目，演示用中国的开方术求多个正根和负根的方法。

第八章以开方算法为切入点简单介绍中国古代数学的特征和中国古代数学的地位和意义。

---

[1] 算筹实际上是一根根同样长短和粗细的小棍子，一般长为 13~14cm，径粗 0.2~0.3cm，多用竹子制成，也有用木头、兽骨、象牙、金属等材料制成的，大约二百七十枚为一束，放在一个布袋里，系在腰部随身携带。需要记数和计算的时候，就把它们取出来，放在桌上、炕上或地上布算。

中国的开方术与一元高次方程的数值解发展谱图
（除特别说明外，这里出现的所有常数均为正数）

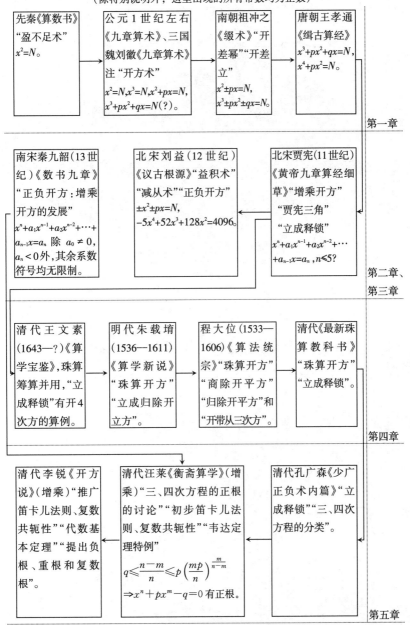

目　　录

小知识目录

第一章　中国古代开方算法前的替代算法：盈不足术

开方是乘方的逆运算。比如：因为 $5×5=25$，$5×5×5=125$，所以 25 的平方根 $\sqrt{25}=5$，125 的三次方根 $\sqrt[3]{125}=5$。这类 $x^n=N$ 的逆运算 $\sqrt[n]{N}=x$ 就是开方根，也叫开方。其中，最简单的例子就是开平方根，也叫开平方。中国古代数学泰斗刘徽说"开方，求方幂之一面也"，即开平方是已知一正方形面积求其边长。我们会在中学数学课上学到笔算开方的方法。开方算法也会出现在我们身边的生活中，比如在有的网络游戏和电视台的娱乐节目中就涉及开方算法。另外，从现有的资料来看，还没有发现先秦时代有开方算法，当时用盈不足术来处理类似问题。

一、缘起：生活中开方的例子

1. 网络游戏中的开方运算

图1-1　CS游戏画面截图

　　当今是网络游戏横行的时代，反恐精英(CS)3D游戏又是大家熟悉的一款经典之作。玩家酣畅淋漓地陶醉在游戏中，这时很少有人会

图1-2 美国电玩游戏程序员约翰·卡马克

想到画面的流畅、游戏的光照和反射效果都与游戏后台的算法有关，计算速度越快效果就越好。这里就涉及开方算法。

比如，程序员在雷神之锤3（QUAKE3）游戏的3D图形编程中，经常需要求平方根或平方根的倒数，目的是求向量的长度或将向量归一化，这种算法的计算速度可以保证游戏的效果。美国电玩游戏程序员约翰·卡马克（Jhon·Carmack）使用了下面的算法，它第一次出现在公众眼前的时候，几乎震住了所有的人，而下面代码中的0x5f375a86更被称为魔数，致使很多数学家追问它的来历。下面就是最精简的1/sqrt()的程序代码：

```
Float InvSqrt( float x)
{
float xhalf = 0. 5f * x;
Int i = * ( int * )&x; //get bits for floating VALUE
i = 0x5f375a86 - ( i >> 1); //gives initial guess y0
```

```
x = * ( float * ) &i ;  //convert bits BACK to float
x = x * ( 1. 5f-xhalf * x * x) ; //Newton step , repeating increases accuracy
return x ;

}
```

在良好的游戏体验中，大家很难想到精致逼真的人物和场景、流畅的速度都有系统背后算法的支持，实际上这都需要那些天才的程序员设计的好算法[1]来保证。上面代码使用了牛顿迭代算法代码计算参数 x 的平方根的倒数，即 $\dfrac{1}{\sqrt{x}}$，这个算法比直接计算开方再取倒数的方法要快四倍左右。

2. 电视节目《最强大脑》中的开方算法

图1-3 "中国雨人"周玮在节目现场

在 2014 年 1 月 17 日江苏卫视的一档节目《最强大脑》中，拥有惊人心算能力的中度智障青年周玮[2]吸引了大家的目光，他不仅可以

---

[1]　即"快"（计算步骤少也即收敛快）、"准"（计算结果可靠也即数值稳定性好）、
　　　"省"（节省计算内存也即占用计算机的内存少）的算法。

[2]　经权威机构测试他的言语量表智商为 65，操作量表智商为 52，全量表智商为 56。

心算多位数的乘法和多位数的高次乘方，还可以心算多位数的开高次方。在节目中，他仅用 33 秒就算出了一个 16 位数开 14 次方根的近似值，即 $\sqrt[14]{1391237759766345} \approx 12.0$，并被网友们称为"中国雨人"。现场嘉宾陶晶莹和梁冬用"中国的爱因斯坦""中国的霍金"来称呼周玮，就连一贯坚持"科学是唯一评判标准"而被大家戏称为"叨叨魏"的魏博士也激动地宣布："周玮给我们展示的是完完全全的天赋，他是个天才。"但是这些评论都有失偏颇，原因就是评委们对于开方算法了解得不够，实际上，周玮是凭记忆得到高次方根的。

很多人觉得周玮具有的心算开方能力不可思议，其实很早的时候华罗庚就有很通俗易懂的文章来科普类似的事情。华罗庚先生于 1982 年 1 月在《环球》杂志上发表的科普文章《天才与锻炼：从沙昆塔拉快速计算所想到的轰动听闻的消息》中讨论过类似的问题，并指出：很多时候我们觉得很了不起的东西，其实只是因为我们太笨了而又不愿思考，或者笨得不会思考的结果而已，才会被舆论牵着鼻子走。华老讨论的对象是沙昆塔拉，她用 50 秒的时间计算出下面这个数的 23 次方根等于 9 位数 546，372，891。

916，748，679，200，391，580，986，609，275，853，801，624，831，066，801，443，086，224，071，265，164，279，346，570，408，670，965，932，792，057，674，808，067，900，227，830，163，549，248，523，803，357，453，169，351，119，035，965，775，473，400，756，816，883，056，208，210，161，291，328，455，648，057，801，588，067，711。

华罗庚先生在其文章中具体分析了印度天才数学家沙昆塔拉·戴维的开方问题，并指出"文章中答数的倒数第二位错了"，正确的答

图 1-4　印度天才数学家沙昆塔拉·戴维(Shakuntala Devi)

案为 546，372，871，但是此时被开方数有几位是错的[1]。在分析开方算法之后，华老指出这样的计算并不复杂和神秘。

回到周玮的开方问题上来，实际上开高次方根，特别是只计算出前两位的话并不神奇，这是因为 16 位数开 14 次，精确到 2 位数只有 3 个答案：12，13 和 14，只要记住 2 个节点即可：被开方数小于或等于 2273736754432320 时，答案为 12；被开方数大于 2273736754432320 而小于或等于 6678405098358908 时，答案为 13；被开方数大于 6678405098358908 时，答案为 14。这对心算能力超常的周玮来说是很简单的事情。

---

[1]　而如果 546，372，891 正确，则需要在被开方数的第八位后加"6"，同时删掉最后一位的"1"。

华先生对沙昆塔拉事件的评价，放在这里也特别合适：我不否认沙昆塔拉这样的计算才能。对我来说，不要说运算了，就是记忆一个六七位数都记不住。但我总觉得多讲科学化比多讲神秘化好些，科学化的东西学得会，神秘化的东西学不会，故意神秘化就更不好了。有时传播神秘化的东西比传播科学更容易些。在科学落后的地方，一些简单的问题就能迷惑人。在科学进步的地方，一些较复杂的问题也能迷惑人。看看沙昆塔拉能在一个科学发达的国家引起轰动，就知道我们该多么警惕了，该多么珍视在实践中考验过的科学成果了，该多么慎重地对待一些未经实践而夸夸其谈的科学能人了。

因此，周玮在电视节目中计算的开方问题并不是什么难题。这是利用大家不了解开方运算，制造的收视效果而已。

但是，在数学里，尤其是在数学发展的初期阶段，开方确实是一个非常重要同时也是很难的问题。

3. 一个数学史与数学教育结合的案例

中国古代有些经典计算题目，在当时的语境下使用了充满智慧和技巧的处理方法，可以作为今天数学教学中的素材。这样数学史的内容与今天的数学教学可融合在一起，这不仅可以增强教学的趣味性，同时也可以作为载体渗透素质教育；从而在历史的多维度背景下培养学生数学学习的认知弹性，同时又不乏人文关怀。

比如《九章算术·勾股》最后一题：

> 今有户不知高广，竿不知长短。横之不出四尺，纵之不出二尺，邪之适出。问：户高、广、衺各几何？答曰：

广六尺，高八尺，衺[1]一丈。

术曰：纵、横不出相乘，倍，而开方除之，所得，加从不出，即户广；加横不出，即户高；两不出加之，得户衺。

其大致的意思是有人拿着一根竹竿，通过一个不知道广（宽）和高的门，当横着拿时，竿比门宽多4尺；竖着拿时，竿比门高多2尺；斜着拿时，恰好能通过这个门。问：门的广、高和对角线各几尺？答：广6尺，高8尺，对角斜线长一丈，即10尺。

解法：纵、横两种持竿都不能出门数相乘：2×4；然后加倍：2×（2×4）；开平方：$[\sqrt{2\times(2\times4)}]=4$；所得4加上竖着拿竿长出门的2（"从不出"）尺（2+4=6）得6尺，就是这个门的广。所得4加上横着拿竿出门竿长出门的4尺（"横不出"）得8尺，就是这个门的高。"长不出"+"横不出"（2+4=6尺），再加4尺即为门的斜长10尺。

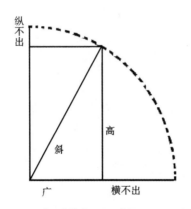

图1-5 《九章算术·勾股》最后一题示意图

---

[1] 此处原文为"衺"，郭书春先生在《九章算术》新校下册394页校对为"衺"。

这是利用开方算法解决的问题，技巧性很强。如果用现代代数方法来处理：令户广为 x，户高为 y，依题意有，

$$\begin{cases} x+4=y+2 \\ x^2+y^2=(x+4)^2 \end{cases}$$

化简得 $x^2-4x-12=0$，解之得 $x_1=6$，$x_2=-2$，舍去。于是可得户高为 8 尺，门的对角线的长度为 1 丈，即 10 尺。

该题目可以作为今天算术教学中的精彩案例，也可以作为中学数学一元二次方程方法的例题。这里代数方法是顺序、自然、简单的思维模式，而算术方法则是逆序、构造、复杂的解题思路。

二、中国古代开方算法前的替代算法：盈不足术

1. 盈不足术

在秦汉时代中国已有成熟的开方算法，计算开方问题只是按图索骥而已。从已发现的资料来看，在开方算法出现以前，古人是用"盈不足术"来计算开方问题的。

"盈不足术"是中国古代解决盈亏类问题的一种算术方法，是中国数学史上的一项杰出成就。成书于公元1世纪的中国古代数学名著《九章算术》第七章即为"盈不足"。其中第一个问题是：

> 今有共买物，人出八，盈三；人出七，不足四。问人数、物价各几何？答曰：七人，物价五十三。

即，几个人一块去买东西，如果每个人出8钱，会余3钱；如果每人7钱，又会差4钱。问：总人数和物价各是多少？答：共7人，物价53钱。

"盈不足术"[1] 中，设每人出 a_1，盈（或不足）b_1，每人出 a_2，盈（或不足）b_2，平均每人应出钱数 x，人数 p 和物价 q，给出了计算这类题目的计算公式（盈 b_1 和不足 b_2）：

$$相当于求解 \begin{cases} a_1 p - b_1 = q \\ a_2 p + b_2 = q \end{cases}, \ 得到 \ p = \frac{b_2 + b_1}{a_1 - a_2}, \ q = \frac{a_1 b_2 + a_2 b_1}{a_1 - a_2}, \ x =$$

$$\frac{a_1 b_2 + a_2 b_1}{b_1 + b_2}。$$

在 11~13 世纪一些阿拉伯数学家的著作中，也出现了"盈不足术"，并称之为"天秤术"或"契丹算法"。当时阿拉伯人所说的"契丹"，即指中国。该算法经阿拉伯传到欧洲，被称为"双设法"，并成为中世纪欧洲解决算术问题的一种主要方法，当时这种方法还有许多别的名称，比如："双假位法"或"迭借术"，"增损术"或"盈朒术"等。明代之后，中国传统数学逐渐没落，西方数学陆续传入中国。李之藻与利玛窦于 1613 年共同编译《同文算指》10 卷，也载有双设法，译称"迭借互征"。于是，诞生于中国的"盈不足术"，经过一段漫长而曲折的道路，又重新回到了祖国的怀抱。

刘钝先生曾用唐代诗人贺知章《回乡偶书》描述了"盈不足术"的这种曲折的流传过程，很是贴切和传神：

少小离家老大回，乡音无改鬓毛衰。

儿童相见不相识，笑问客从何处来。

2. 用"盈不足术"解决开方问题

在古代算法中，"盈不足术"的解题思想和方法可以说是"万

[1] 郭书春，刘钝校点：《算经十书》（一）。辽宁教育出版社：沈阳，1998：73.

能"方法。它既可以给出线性问题的精确解，又可以给出非线性问题的近似解。在现代数学中，求解线性方程已不再使用"盈不足术"这种方法了，但为了计算高次方程或函数方程 $f(x)=0$ 的实根近似值，还要用到盈不足公式：$x=\dfrac{a_1b_2+a_2b_1}{b_1+b_2}$，从几何学的角度来讲，就是过曲线上的两个点 $(a_1，b_1)$ 和 $(a_2，b_2)$ 作直线，从而用这段直线近似曲线求值的方法。在代数学和近似计算中，这种方法一般称为弦截法或线性插值法。

就所见文献来看，中国古代在出现开方算法之前，是用"盈不足术"来求方根的近似值的，这样的题目很多，下面我们举一个例子。比如，西汉早期竹简的数学著作《算数书》中有这样一个题目：

方田：[1] 田一亩，方几何步？曰：方十五步卅一分步
十五。术曰：方十五步不足十五步，方十六步有余十六步。
曰：并赢、不足以为法。不足子乘赢母，赢子乘不足母，
并以为实。复之，如启广之术。[2]

即，现在有田一亩，那么它与边长为多少的正方形面积相等呢？答：正方形的边长为 $15\dfrac{15}{31}$ 步。该题的"术"也即计算方法用现在的语言解释如下：

这里相当于解方程 $x^2-240=0$，即计算 $\sqrt{240}$，显然这是个非线性问题。用"盈不足术"求解的思路是，取 $f(x)=x^2-240$ 曲线上的

----

[1] 郭书春：《算数书校勘》，中国科技史料，vol22(3)：2001：202-219.
[2] 这里 1 亩为 240 步。

两个点$(a_1,\ b_1)=(16,\ 16)$和$(a_2,\ b_2)=(15,\ -15)$作直线，该直线与x轴的交点x_1代替曲线与x轴的交点x_0[1]，得到

$$x_0=\sqrt{240}\approx x_1=\frac{a_1b_2+a_2b_1}{b_1+b_2}=\frac{15\times16+16\times15}{16+15}=15\frac{15}{31}{}^{[2]},$$

因为$\left(15+\dfrac{15}{31}\right)^2=239\dfrac{721}{961}\approx240$，所以近似程度还是很大的。

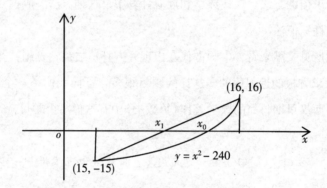

图1-6　方田例题示意图

这是在"开方术"出现之前使用的替代方法，下一章我们一起看一下中国古代是怎样进行开方运算的。

---

[1]　直线方程为$y-16=\dfrac{16+15}{16-15}(x-16)$，令$y=0$，可解得$x_1=\dfrac{15\times16+16\times15}{16+15}=15\dfrac{15}{31}$。

[2]　"盈不足术"中$(a_2,\ b_2)=(15,\ -15)$，b_2取15。

第二章 《九章算术》及刘徽注中的开方

《九章算术·少广》记载了世界上最早的且最完备的开平方和开立方算法，与今天我们中学数学中的笔算开方法相似。和同时代的古希腊相比，中国的开方法更具程序化和机械化算法特征，无须依赖几何解释。印度与中国的开方算法大同小异，但没有中国的开方算法简捷和更容易发展为开高次方的算法。经刘徽对《九章算术》的开方程序改进后，这种优势更加明显。刘徽还对算法进行了几何解释，具象了抽象的开平方和开立方程序。刘徽还在开方注释中，讨论了开方得数为无理数的情况，并称"开方不尽"为"不可开"。他认为《九章算术》"开方术"中给出"以面命之"的近似算法不够准确，提出用十进分数无限逼近求"微数"方法。

一、《九章算术》与刘徽

1. 算经之首：《九章算术》（也称《九章算经》）

《九章算术》是中国传统数学最重要的奠基性著作。据魏晋数学家刘徽说，《九章算术》是由西周教育贵族子弟的"九数"发展而成的，在秦朝焚书和秦末战乱中遭到破坏，经西汉张苍和耿寿昌先后删补而成为现在流传的样子。《九章算术》分九章，即方田，分数的四则运算法则与各种面积公式；粟米，以今有术为主体的比例算法；衰分，比例分配算法，以及异乘同除问题；少广，面积与体积的逆运算，包含开方算法；商功，各种体积公式和土方工程工作量的分配算法；均输，赋税的合理负担算法，以及各种算术难题；盈不足，盈亏类问题算法及其在其他算术问题中的应用；方程，线性方程组解法与正负数加减法则；勾股，勾股定理、解勾股形及简单测量问题。

开平方、开立方的题目和算法就出现在《九章算术·少广》中，题目都是 $\sqrt{N}$ 的形式。另外，《九章算术·勾股》的第 20 个题目相当于解方程 $x^2 + 34x = 7100$，即形如 $x^2 + Bx = A(A>0，B>0)$ 的方程，求这种方程的一个正根的问题，当时被称作"开带从平方"。开带从平方算法蕴含在开方术之中，它是开方术的一般形式。同时，因为开方从第二步以后就是开带从开方，所以它又是开方术的一部分。

2. 古代世界数学泰斗刘徽

刘徽是中国历史上最伟大的数学家，淄乡（今山东省邹平市）人。他出生于人杰地灵的齐鲁大地，成长在英才辈出的魏晋时期。魏景元四年（263），他完成了数学史上的不朽杰作《九章算术注》和《海岛算经》。他全面证明了《九章算术》的"术文"即公式、解法，成为中国传统数学理论的奠基者，他提出并证明的"刘徽原理"，实际上在考虑19—20世纪的大数学家高斯、希尔伯特涉足的多面体体积理论，为世人称道。他创造的"割圆术"开创了中国圆周率近似值的计算领先世界千余年的基础[1]。

图 2-1　刘徽

---

[1]　郭书春汇校. 九章算术. 沈阳：辽宁教育出版社，1990.

[1]　郭书春汇校. 九章算术. 沈阳：辽宁教育出版社，1990.

[1]　郭书春汇校. 九章算术. 沈阳：辽宁教育出版社，1990.

图2-2 南宋本《九章算术》书影

　　刘徽少年颖秀，睿智过人，在很小的时候就表现出惊人的数学天赋。在他童蒙的时候，开始学习数学经典《九章算术》，被书中精妙的术文和246道算题的解法深深地吸引。《九章算术》是中国传统数学奠基性的著作，含有若干非常抽象的普适性术文即公式、解法，在若干领域走到了世界的前列。然而，《九章算术》只有术文、算题和答案，没有任何数学定义和推导、证明，人们知其然不知其所以然。另外，《九章算术》还有少数不准确的算法长期未得到纠正。这些困惑始终萦绕在刘徽的心头，挥之不去。

齐鲁的学术氛围一直十分浓厚,是"辩难之风"的中心之一。数学也非常发达,泰山周围的刘洪、郑玄、徐岳、王粲等都是著名数学家,尤其对《九章算术》都有深入的研究。刘徽在这样的环境中不懈地钻研和积累,成年后继续研究《九章算术》,他"观阴阳之割裂,总算术之根源,探赜之暇,遂悟其意",并广泛收集前人和同代人研究《九章算术》的资料,终于形成了自己的独特见解,写成了《九章算术注》和《海岛算经》,这时他至多30岁。

　　刘徽在《九章算术注》中不仅给出了《九章算术》开平方、开立方的几何解释,还对开方程序进行了改进。另外,在处理"开方不尽"(方程的根是无理数)时,刘徽提出求"微数"的方法,即以十进制分数逼近无理根,与我们今天计算无理根的十进分数近似值的方法完全一致,具体内容参见《九章算术·方田》的"割圆术"。

二、开平方和开带从平方

约公元前 1 世纪成书的《周髀算经》卷上有陈子用勾股定理测望太阳距离的记载："若求邪至日者，以日下为勾，日高为股，勾股各自乘，并而开方除之，得邪至日。"三国时期吴国的数学家赵爽为之作"勾股圆方图"说："勾股各自乘，并之为弦实，开方除之，即弦也。"他们都给出了计算公式 $c = \sqrt{a^2 + b^2}$，计算中用到了"开方除之"，即开方算法，可惜书中没有给出具体的算法程序。《九章算术·少广》提出了世界上最早也是最完整的开平方的抽象程序。刘徽最早明确给出了开方的定义，"开方，求方幂之一面也"，即开平方是已知一正方形面积求其边长。

1. 开平方

《九章算术·少广》中有 5 个开平方的题目，即分别是：
(1) $\sqrt{55225} = 235$；（2）$\sqrt{25281} = 159$；（3）$\sqrt{71824} = 268$；
(4) $\sqrt{564752\frac{1}{4}} = 751\frac{1}{2}$；（5）$\sqrt{39702150625} = 63025$。

其中第一个题目的具体内容和解法如下：

今有积五万五千二百二十五步。问：为方几何？答曰：二百三十五步。

接着书中给出了开方一般算法：

开方术曰：置积为实。借一算，步之，超一等。议所得，以一乘所借一算为法，而以除。除已，倍法为定法。其复除。折法而下。复置借算，步之如初，以复议一乘之，所得副以加定法，以除。以所得副从定法。复除，折下如前……

这是一个具有普遍性的开方程序。这里，我们按现今中学所学算例 $\sqrt{3164841}=1779$ 的笔算开方程序，以 $\sqrt{55225}=235$ 为例，用现代数学符号展示《九章算术》中开方术的计算过程如下：

	1 7 7 9			2 3 5	
	$\sqrt{3,16,48,41}$			$\sqrt{5,52,25}$	
	1 ············ 1^2		2	4 ············ 2×2	
$20\times 1=20$	2 16 ········第一余数		$2\times 20=40$	152,25	
+ 7			(40+3=43)	1 2 9 ········ 3×43	
27	1 89 ············ 27×7				
$20\times 17=340$	27 48 ········第二余数		43	23,25	
+ 7			+ 3		
347	24 29 ········ 347×7		46		
$20\times 177=3540$	3 19 41 ········第三余数		456	23,25	
+ 9				23,25 ··· 465×5	
3549	3 19 41 ········ 3549×9				
	0			0	

实际上，《九章算术》开方程序中包含对被开方数的"分段""试初商并减根""倍初商""估第二位根并除实""倍前两位根""估第二位商并除实"等步骤。其中，$\sqrt{55225}$ 初商显然估得 2，第二位商用 40 估得 3，第三位商用 46 估得 5。

对比 $\sqrt{3164841}=1779$ 的程序，不难看出，这里的开方程序除了 $46=43+3$，不是用 $23\times2=46$ 得到外，与现在我们使用的笔算开方法完全一样。下面我们再用代数的方法展示一下用开方术计算 $\sqrt{55225}=235$ 的过程。

（1）5，52，25　　　$N=5$，

"置积为实。借一算，步之，超一等。"

$N=5=2^2+1$，$r_1=2$，$R=N-r_1^2=5-2\times2=1$：初商为 5。

"议所得，以一乘所借一算为法，而以除。"

（2）$R=1$，$N_1=152$，法为 $2r_1=4$，

"除已，倍法为定法。"

$r_2=\dfrac{152}{40}\approx3$，次商 $r_2=3$，$R_2=N_1-(2r_1\times10+r_2)r_2=152-43\times3=23$，

"以复议一乘之，所得副以加定法，以除。"

（3）$R_2=23$，$N_2=2325$，新法为 $2(r_1\cdot10+r_2)=46$，

$r_3=\dfrac{2325}{46}\approx5$，估得第三位商 $r_3=5$，

$R_3=N_2-(46\times10+r_3)r_3=2325-465\times5=0$，开尽。

"以所得副从定法。复除，折下如前……"

《九章算术》中还记载有"开圆术"，即已知圆的面积求圆周长的题目。"开圆术"曰："置积步数，以十二乘之，以开方除之，即得

周。"这里圆周率 π 取 3，得 $A = 3r^2 = 3\left(\dfrac{C}{6}\right)^2 = \dfrac{C^2}{12}$，所以圆周长 $C =$ $\sqrt{12A}$，刘徽指出，"此术以周三径一为率，与旧圆田术相返覆也。"[1] 即指出这里的圆周率不准确。后面开立方内容中的"开立圆术"与之类似，后略去类似部分。

2. 刘徽对开平方程序的几何解释和改进

《九章算术》并未给出所载开平方算法的由来，刘徽只是针对 $\sqrt{N}$ 的情况对算法进行了几何解释，后来的数学家对开方的几何解释也不外乎此。我们以 $\sqrt{55225} = 235$ 为例说明刘徽的工作。

> 开方：求方幂之一面也。……言百之面十也，言万之面百也。……先得黄甲之面，上下相命，是自乘而除也。……倍之者，豫张两面朱幂定袤，以待复除，故曰定法。……欲除朱幂者，本当副置所得成方，倍之为定法，以折、议、乘，而以除。如是当复步之而止，乃得相命，故使就上折下。……欲除朱幂之角黄乙之幂，其意如初之所得也。……再以黄乙之面加定法者，是则张两青幂之袤。

刘徽说：开方就是求面积为 55225 的正方形的边长。若面积是百位数，边长就是十位数；若面积是万位数，边长就是百位数。

估得的第一位商 200，就是正方形黄甲的边长。然后，首次"减实"就是，在面积是 55225 的正方形中减去面积为 200×200 的黄甲。

---

[1] "旧圆田术"是指《九章算术·方田》旧术。"返覆"，即重复。

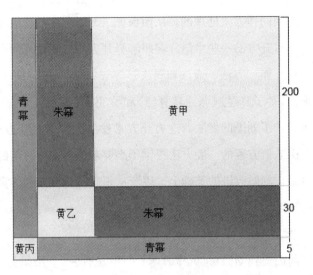

图2-3　刘徽开方几何解释示意图

2×200，即为两个朱幂长的二倍，并用它来估第二位商，即朱幂的宽30，第二次用(2×200+30)×30"减实"，是在原大正方形中减去两个朱幂和黄乙。

2×(200+30)，即两个青幂的长，用它来估第三位根，即青幂的宽，也是黄丙的长5。用(2×230+5)×5"减实"，即是在大正方形中减去两个青幂和一个黄丙，如此继续下去，正好减尽，所以原正方形的边长就是235。

刘徽对开方算法的改进。首先，将原来"以一乘所借一算为法，而以除"，即首次的"除实"55225-2×20000，改为"减实"55225-200^2，第二次的"除实"15225-(2×2000+30)×3改为"减实"15225-(2×230+30^2)。

其次，第二次估根时，借算不用再从右到左重新步算，而是将开方程序中得到的"借算和法"按"二退、一退"的方式进行，后面开立方也是用同样方法处理的，从而保证了开方程序的连续性。

最后，对开方的一些术语，参照解释开方算法所用几何模型的形状给出名称，如"方法、廉法和隅法"等。

后来，《孙子算经》《张丘建算经》和贾宪的《黄帝九章算经细草》中开方术沿袭了刘徽的做法。这为开方术发展为"增乘开方法"，即一种解高次数值方程的一般方法提供了必要条件。明清时期的珠算开方算法也是在刘徽改进的基础上，逐渐从新式筹算开方到珠算商除开方，最后发展为归除开方算法的。

3. 求微数

我们前面提到刘徽对《九章算术》"开方不尽"（结果为无理数）的情况也进行了改进。即用求微数方法代替了原来近似求根的方法，这与现今求无理根的十进制小数近似值完全相同。

《九章算术》开方术中说道："若开之不尽者，为不可开，当以面命之。"刘徽注：

术或有以借算加定法而命分者，虽粗相近，不可用也。

凡开积为方，方之自乘当还复其积分。令不加借算而命分，

则常微少；其加借算而命分，则又微多。其数不可得而定。

我们曾用"盈不足术"计算过 $\sqrt{240} \approx \dfrac{a_2 b_1 + a_1 b_2}{b_1 + b_2} = \dfrac{15 \times 16 + 16 \times 15}{15 + 16}$

$= 15\dfrac{15}{31}$，这里用《九章算术》开方的近似公式求得 $\sqrt{240}$ 的近似值的过程如下：

```
                    15
                 √‾2,40‾
        1    |    1 ············ 1×1
  2×10  20   |    1,40
 (20+5=25)   |    1 25 ········ 5×25
             |    15
```

按照《九章算术》的说法，"开不尽，当以面命之"，即 $a+\dfrac{A-a^2}{2a+1}<$

$\sqrt{A}<a+\dfrac{A-a^2}{2a}$，此题中 $a=15$，$A=240$。于是得到 $15\dfrac{15}{31}<\sqrt{240}<15\dfrac{15}{30}$。

我们在第一章用"盈不足术"计算的结果 $15\dfrac{15}{31}$，恰为《九章算术》中

用开方法得到 $15\dfrac{15}{31}<\sqrt{240}<15\dfrac{15}{30}$ 中的不足近似值。

刘徽对《九章算术》"开方开不尽"的处理方法并不满意，说"虽粗相近，不可用也"。

他进一步提出了求微数的方法。

故惟以面命之，为不失耳。譬犹以三除十，以其余为三分之一，而复其数可举。不以面命之，加定法如前，求其微数。微数无名者以为分子，其一退以十为母，其再退以百为母。退之弥下，其分弥细，则朱幂虽有所乘弃之数，不足言之也。

刘徽说："若开之不尽者，为不可开，当以面命之。"不仅提出

了无理数的概念即"不可开",又给出记号"当以面命之",即此处的"面"[1]为"$\sqrt{\quad}$",比如对5开方,为"不可开"则"以面命之"$\sqrt{5}$。又如刘徽在"开立圆术"中提到"方八之面,圆五之面"的比值,即为$\sqrt{8}:\sqrt{5}$。但是,"以面命之"并不能解决计算问题。求微数才是计算出无理数平方根近似值的方法。

我们用刘徽"求微数"的方法再计算一遍$\sqrt{240}$。显然,求微数就是将上述开方程序继续下去,这样就可以得到这个无理根的一个近似值。理论上说,这个近似值可以精确到任何一位,只要继续开方就行了。开方的简化程序如下:

$$
\begin{array}{r|l}
 & 15.49\cdots\cdots \\
 & \sqrt{240} \\
\hline
1 & 1\cdots\cdots\cdots 1\times 1 \\
\hline
2\times 10=20 & 1,40 \\
(20+5=25) & 125\cdots\cdots 5\times 25 \\
\hline
 & 1500 \\
304 & 1216 \\
\hline
3089 & 28400 \\
 & 27801 \\
\hline
 & 5900 \\
\cdots\cdots & \cdots\cdots
\end{array}
$$

继续计算可得$\sqrt{240}\approx 15.49193338482967\cdots\cdots$在"开方术"中,刘徽没有给出"求微数"的例子,但他在《九章算术·方田》中利用"割圆术"求圆周率$\pi=\dfrac{157}{50}$的开方程序中,用了8次求微数的方法,

---

[1] 面,方面即方边。

并计算出 $\sqrt{75\ \text{寸}^2} = 8$ 寸 6 分 6 厘 2 秒 5 $\dfrac{2}{5}$ 忽。

对于分数开方，当分母是无理数时，刘徽给出"以分母乘实，开方之后，除以分母"的方法：$\sqrt{\dfrac{A}{B}} = \dfrac{\sqrt{A}}{\sqrt{B}} = \dfrac{\sqrt{AB}}{\sqrt{B}}$，和现在我们的处理方式相同。

以上为刘徽对开方术的改进以及开方近似计算中求微数的方法，开立方也有类似情况，后不一一赘述了。

三、开立方及中国开方算法的特点

1. 开立方的计算

《九章算术·少广》给出了如下开方程序。

> 置积为实。借一算，步之，超二等。议所得，以再乘所借一算为法，而除之。除已，三之为定法。复除，折而下。以三乘所得数，置中行。复借一算，置下行。步之，中超一，下超二等。复置议，以一乘中，再乘下，皆副以加定法。以定法除。除已，倍下、并中，从定法。复除，折下如前……

我们设 $\sqrt[3]{N}=ab\cdots$，按照上述开方的术文，可以做出如下示意简表，以开出前两位根为例，这个程序可以像求微数的做法一样，持续地做下去。

商	a	a	a	ab	ab	
实	N	$N-a^3$	$N-a^3$	$N-a^3$	$N-(a+b)^3$	
法	0	a^2	$3a^2$	$3a^2+3ab+b^2$	$\underline{3a^2+3ab+b^2}+\boxed{3ab+2b^2}$	— 倍 "下" 并 "中"
中	0	a	$3a$	$3a$	$3a+3b$	
下	1	1	1	1	1	
副				$3ab$	中 $3ab$	
				b^2	下 b^2	
	(1)	(2)	(3)	(4)	(5)	

……　……

下面我们来看《九章算术·少广》中一道开立方的题目。

今有积一百八十六万八百六十七尺。问：为立方几何？
答曰：一百二十三尺。

即计算 $\sqrt[3]{1860867}=123$。用简化的方式来演示一下具体的开方过程，原开方用算筹列式，今改为阿拉伯数字。

(1) "置积为实。借一算，步之，超二等。"

$$\sqrt[3]{1，860，867}$$

"议所得，以再乘所借一算为法，而除之。"

$$
\begin{array}{r|l}
 & 1 \\
 & \sqrt[3]{1,860,867} \\
1^2 \times 1000000 & 1,000,000 \cdots 1 \times 1^2 \times 1000000 \\
\hline
 & 860,867
\end{array}
$$

(2) "除已，三之为定法。复除，折而下。以三乘所得数，置中行。复借一算，置下行。步之，中超一，下超二等。"

$$1$$
$$\sqrt[3]{1,860,867}$$

$1^2 \times 1000000$	$1,000,000 \cdots 1 \times 1^2 \times 1000000$
$3 \times 100^2 = 30000$	$860,867$
$3 \times 100 = 300$	

"复置议，以一乘中，再乘下，皆副以加定法。"

$$1\ 2$$
$$\sqrt[3]{1,860,867}$$

$1^2 \times 1000000$	$1,000,000 \quad \cdots \quad 1 \times 1^2 \times 1000000$
$3 \times 100^2 = 30000$	$860,867$
$3 \times 100 = 300$	
$3 \times 100^2 = 30000$	
$3 \times 100 \times 20 = 6000$	$860,867$
$+ \qquad 20^2 = 400$	
36400	

（3）"以定法除。除已，倍下、并中，从定法。"[1]

$$1\ 2$$
$$\sqrt[3]{1,860,867}$$

$1^2 \times 1000000$	$1,000,000 \quad \cdots \quad 1 \times 1^2 \times 1000000$	
$3 \times 100^2 = 30000$	$860,867$	
$3 \times 100 = 300$		
$3 \times 100^2 = 30000$		
$3 \times 100 \times 20 = 6000$	$860,867$	
$+ \qquad 20^2 = 400$	$728,000$	2×364000（复置议得到）
36400		
36400	$132,867$	
$3 \times 100 \times 20 = 6000$		
$+ \quad 2 \times 20^2 = 800$		
43200	$\cdots\cdots$	
$\cdots\cdots$		

---

[1] 这里，《九章算术》开立方中"除实"用 2×364000，而且减根后，需要重新步算，刘徽的改进是"减实"20×36400，"方法、中行和下行"只需分别直接退 1、2 和 3 位得到。

（4）"复除，折下如前。"

在个位上议得数字3，仿前确定"借算"为1。"定法"为$[1×3+3(100+20)]×3+43200=44289$，然后"除实"$132867-3×44289=0$，且恰好除尽，即$\sqrt[3]{1860867}=123$。

2. 刘徽对开立方算法的几何解释

与开平方一样，刘徽在为《九章算术》作注时，对开立方也给出了几何解释。刘徽在开立方术说：

> 立方适等，求其一面也。……言千之面十，言百万之面百。……再乘者，亦求为方幂。以上议命而除之，则立方等也。……为当复除，故豫张三面，已定方幂为定法也。……复除者，三面方幂已皆自乘之数，须得折、议定其厚薄耳。开平幂者，方百之面十；开立幂者，方千之面十。据定法已有成方之幂，故复除当以千为百，折下一等也。……设三廉之定长。……欲以为隔方，立方等未有定数，且置一算定其位。……上方法，长自乘而一折；中廉法，但有长，故降一等；下隔法，无面长，故又降一等也。……为三廉借幂也。……令隔自乘，为方幂也。……三面、三廉、一隔皆已有幂，以上议命之而除去三衰之厚也。……凡再以中，三以下，加定法者，三廉各当以两面之幂连于两方之面，一隔连于三廉之端，以待复除也。言不尽意，解此要当以棋，乃得明耳……

按照前面 $\sqrt[3]{1869867} = 123$ 的步骤，结合刘徽的几何解释[1]对操作程序解释如下。刘徽说"立方适等，求其一面也"，即开立方就是求体积为被开数的正方体的边长。

步骤(1)：相当于给出了一个体积为 1860867 大立方的体积。

步骤(2)：相当于从大立方体中割去体积为 1000000 的次立方体。

步骤(3)：相当于预先算出三个标记"朱"的长方体之表面积，总数为 3×100^2。

步骤(4)：相当于预先算出三个标记为"朱′"的长方体表面积，总数为 $3 \times 100 \times 20$；又预先算出一个图 2-4 上没有标记出，图 2-5 中的正方体(5)的表面积 20^2。

步骤(5)：相当于从剩余的立体中割去总体积为 $(3 \times 100^2 + 3 \times 100 \times 20 + 20^2) \times 20$ 的 7 个立体的体积。

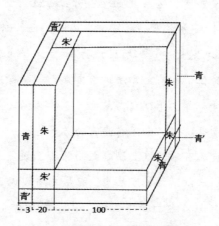

图 2-4 刘徽对开立方的几何解释一

[1] 刘钝. 大哉言数. 沈阳：辽宁教育出版社，1992：196-198.

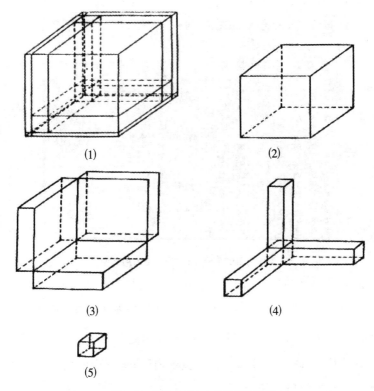

(1)　　　　　　　　　　　(2)

(3)　　　　　　　　　　　(4)

(5)

图 2-5　刘徽对开立方的几何解释二

步骤(6)：相当于在图 2-4 中三块"青"、三块"青′"和一块图上未能标记出来的立方体，即图 2-5 中的(3)(4)和(5)。

这里，与对开平方的几何解释类似，刘徽把开立方的过程解释成从立方体中连续割去若干个次立方体，以及与它毗邻的六个长方体连同一个对顶的小立方体的过程，而每次所割次立方体的棱长恰好是所求立方根的各位数值。因为他说，"言不尽意，解此要当以棋，乃得明耳"。此处"棋"就是标准的立体模型，所以刘徽可能并没有画出此图，而是借助立体模型来说明的。

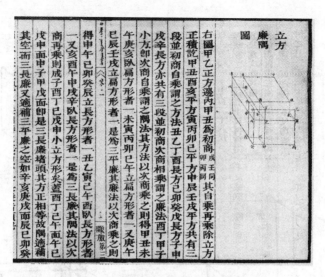

图 2-6 《少广正负术内篇》"立方廉隅图"

对开方算法的几何解释，中国历代的数学家从来没有停止过，但是他们对开平方和开立方的几何解释都没有超过刘徽当时的水平。比如清朝的孔广森在其著作《少广正负术内篇》中，像刘徽一样对开立方也做了几何解释。

3. 中国的开方术及其特点

以现在的数学知识来看，《九章算术》中的开平方和开立方算法都是正确的。这一点可以通过对方根进行相应的乘方运算来验证，另外刘徽通过几何模型对算法程序的合理性也进行了解释和说明。但是我们不知道是谁又是何时发现这一算法的，这应该是中国古代数学家集体的智慧吧。现在我们用现代数学知识来简单解释一下开方算法的理论基础。

中国古代用算筹记数，采用纵式和横式两种基本的形式，表示

1—9 的自然数：

表 2-1　筹式数码与阿拉伯数字

纵式	│	‖	‖│	‖‖	‖‖│	丅	丅│	丅‖	丅‖│
横式	─	═	≡	≣	≣─	⊥	⊥─	⊥═	⊥≡
印度—阿拉伯数字	1	2	3	4	5	6	7	8	9

　　当时是怎么样记数的。中国古代用算筹记数，0 用空位表示。采用十进制位置值记数法，公元 4 世纪左右《夏侯阳算经》中概括为："一从十横，百立千僵，千、十相望，万、百相当。满六已上，五在上方，六不积算，五不单张。"如 68012 用算筹表示就是：

$$丅 \underline{\perp} \quad ─‖$$

　　那么古代用筹算怎么开方呢？筹算开平方计算 $\sqrt{55225}=235$，程序如下，可以与前面此题的阿拉伯数字表示方式对比一下：

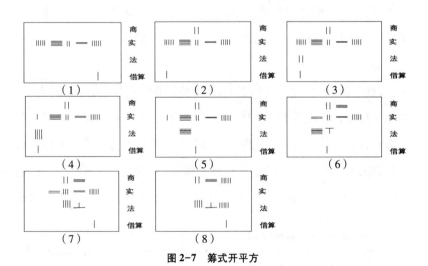

图 2-7　筹式开平方

中国开方术的特点。中国用筹算设计出的算法程序有机械化的特征，其算法程序是可以在现代的计算机上运行的算法。比如，上述开方法就是完整的开平方、开立方算法程序，而且计算步骤和现代的基本一样，所不同的是古代用筹算进行演算。开方术的"术文"言简意赅，开方筹式中每一个数字的记数和计算都严格遵循位值制。开平方和开立方算法是具有一般性的机械化算法程序。即不论平方根或立方根有多少位数，反复实施这一程序都可求出来。稍加改写，便可以在计算机上实现。总之，开方算法程序不仅表现了中国筹算所能达到的高超算技，而且充分体现了中国数学思想方法的构造性和算法机械化特色。

在希腊早期的数学著作《几何原本》卷二中，作者为了解释$(a+b)^2=a^2+2ab+b^2$的几何意义，也给出了类似刘徽给开平方算法做几何解释的图形，但目的是说明完全平方公式的正确性，而非用来开方之用。比刘徽晚一些的亚历山大里亚的西翁，曾用此图解释过托勒密的开方算法[1]，但是用分割立体图形的方法来解释开立方的过程，刘徽是第一个这么做的人。从这一点上来看，中国的数学又走在了世界的前面。

《丽罗娃底》是婆什迦罗于 1150 年所著数学杰作《天文系统之冠》的第一部分，它代表 12 世纪印度数学发展最高水平。其中记载了开平方和开立方的算法以及例题，但是印度是笔算开方，即用笔算进行试商和减根变换。而中国的算法是用算筹（计算工具）布算，采用边乘边加（减）的减根变换，体现了机械化的算法程序。对于开方术来

---

[1] Duan Yao-Yong and Kostas Nikolantonakis. The Algorithm of Extraction in Greek and Sino-Indian Mathematical Traditions, B. S. Yadav and M. Mohan (eds.), *Ancient Indian Leaps into Mathematics*. Springer. 2010. 12. 30.

说，中国比印度的算法特色更为鲜明。尽管中国和印度的数学都是算法化且具有机械性，但是相比较而言，印度的代数化程度比中国高一点，而中国的算法化特征更为突出[1]。

4. 关于《九章算术》开方算法

关于中国开方术的现代解释。显然《九章算术》中的开平方和开立方算法都是正确的，现在我们用现代数学知识简单解释一下。我们采用位值制系统并用 a，b 表示被开方数 N 的前两位根，不妨设 a，b 分别是平方根的十位和个位。因为 $(a+b)^2=a^2+2ab+b^2$，所以对于 $N=(10a+b)^2=100a^2+2\cdot10ab+b^2$，易得 $N-100a^2=(2\cdot10a+b)b$，开平方估得第一位根 a 并减根后，写出 $2a$，并用它估得第二位根 b，然后用 $(2\cdot10a+b)b$ 继续减根，多位根的情况重复上面的过程即可。

同理，因为

$$(a+b)^3=a^3+3a^2b+3ab^2+b^3,$$

所以对于

$$N=(10a+b)^3=1000a^3+3\cdot100a^2b+3\cdot10ab^2+b^3,$$

易得

$$N-1000a^3=(3\cdot100a^2+3\cdot10ab+b^2)b,$$

开立方估得第一位根 a 并减根后，写出 $3a^2$ 和 $3a$，并用 $3a^2$ 估得第二位根 b，然后用 $(3\cdot100a^2+3\cdot10ab+b^2)b$ 继续减根，多位根的情况重复上面的过程即可。但是基于这个算理，加上中国特殊的记数系统和计算工具算筹，要想设计出《九章算术》的开方程序也确实需要足够的智慧才可以。

---

[1] 张建伟. 中国与印度传统算法的比较：以《丽罗娃底》中的等比数列求和与开方为例. 广西民族学院学报：自然科学版，2004(4)：32-35.

这个阶段用开方所能解决方程的数值解问题，只局限于求如下三种方程的一个正根，即 $x^2=N$，$x^3=N$，其中 $N>0$ 和 $x^2+Bx=A(A>0$，$B>0)$，解这种方程的方法，当时被称作开带从方（或者开带从平方），为了保持算法的完整性，我们将这个题目的解法即开带从方放到下一章的开始。但是，从开带从方是开方根减根后的形式这个角度来说，在古代的开立方程序中也蕴含着求形如

$$x^3+Bx^2+Cx=A(A>0,B>0,C>0)$$

的正根的方法，但是《九章算术》并没有给出相关例题。

后来，祖冲之提出了"开差幂"和"开差立"问题，当属"开带从平方"和"开带从立方"的内容，可惜没有文献传世。另外，唐朝的王孝通在《缉古算经》中记载许多 $x^3+Bx^2+Cx=A(A>0$，$B>0$，$C>0)$ 类型的题目，但都是用开带从立方法求得一个正根。书中还有一个 $x^4+px^2=N$ 的方程，得到的正根并非用开四次方，而是用两次开平方得到结果的。

第三章 开方术的发展（一）：从开带从方到贾宪三角与立成释锁开方法

《九章算术》的开方算法已经可以很好地解决了开平方和开立方的问题，只是方法略显复杂，开立方时表现得尤为明显。三次以上的开方问题，《九章算术》没有涉及。另外《九章算术》的开方算法中只有一个系数为正的开带从平方问题，而且没有给出演算过程。对于系数都为正的开带从立方，仿照开带从平方问题，我们推算《九章算术》时代应该有相应的计算方法，因为太过复杂，并未给出相关题目和解法。经过南北朝的混战和短暂的隋朝后，迎来了盛唐时期，此时出现和解决了大量的开带从立方的问题。开方已发展到开任意次方，或者方程次数可任意高和系数符号无限制。宋朝出现的"立成释锁"和"增乘开方法"彻底解决了这个问题，并在宋元时期出现了可以列出这些高次方程的简便方法"天元术"和"四元术"。

一、从《九章》到祖冲之和王孝通的开带从方

1.《九章》中的开带从平方（或开带从方）

解形如方程 $x^2+Bx=A$（$A>0$，$B>0$）的方法，就是《九章算术》的开带从方，《九章算术·勾股》的第 20 个题目即求 $x^2+34x=7100$ 的一个正根的例题。

今有邑方不知大小，各中开门。出北门二十步有木。出南门一十四步，折而西行一千七百七十五步见木。

问：邑方几何？ 答曰：二百五十步。

术曰：以出北门步数乘西行步数，倍之，为实，并出南、北门步数，为从法。开方除之，即邑方。

此题简化的开方程序如下，并解得 $x=250$。

$$\begin{array}{r|l}
 & 2\ 50 \\
 & \sqrt{\ }\ 71000 \\
234 & 468 \\
\hline
434 & 24200 \\
+\ 50 & 24200 \\
\hline
484 & \\
 & 0
\end{array}$$

这里的开方与"开无从方"$\sqrt{N}$的程序大同小异，只需把"从"（"34"）纳入原《九章算术》所用开方根程序即可。

《九章算术》没有给出开带从平方的程序，但是开方术从求根的第二位得数起便是求 $x^2+Bx=A$（$A>0$，$B>0$）方程的程序，所以《九章算术》本身就蕴含了"开带从方"的算法，也许这是《九章算术》没有给出开带从方的算法的原因吧。下面仿照开方术的程序，并将古代算书用的筹码改成阿拉伯数字，将"开带从方"的算法展示如下。

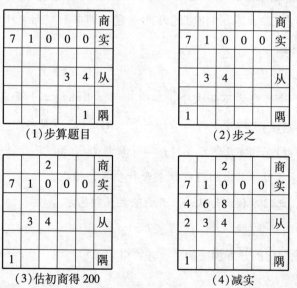

（1）步算题目　　　　　　　　（2）步之

（3）估初商得200　　　　　　　（4）减实

		2			商
2	4	2	0	0	实
4	3	4			从
1					隔

（5）倍法加从

		2	5	0	商
2	4	2	0	0	实
	4	3	4		从
	1				隔

（6）再步之，估次商50

		2	5	0	商
2	4	2	0	0	实
			0		
	4	3	4		从
	5				
	1				隔

（7）次商乘隔算入从法

		2	5	0	商
2	4	2	0	0	实
2	4	2	0	0	
	4	8	4		从
	1				隔

（8）减实，尽

2. 祖冲之及其"开差幂"和"开差立"

祖冲之（429—500），字文远，范阳遒（今河北涞水）人。现今，涞水县就有一所用其名字命名的中学，用来纪念这位伟大的数学家。他生活在南朝宋齐之间，是中国历史上最杰出的数学家、天文学家和机械制造专家之一。祖冲之算出 π 的真值在 3.1415926 和 3.1415927 之间，相当于精确到小数第 7 位，成为当时世界上最先进的成就，这一纪录直到 15 世纪才由阿拉伯数学家卡西打破。另外，祖冲之、祖暅、祖皓三代，都是数学家。祖冲之还与其子祖暅一起，用巧妙的方法解决了球体体积的计算问题。他们当时采用的"幂势既同，则积不容异"的原理后被称为"祖暅原理"，现在被人戏编成口诀"两个胖子一样高，平行地面做 CT。处处面积如相等，两人必定同体积"。这个原理在西方被称为"卡瓦列利原理"，是由意大利数学家卡瓦列利发现的，但这比祖冲之的发现晚了一千多年。

被作为隋唐时代国子监算学科教科书的《算经十书》是指汉、唐一千多年间的十部著名的数学著作，它们分别是《周髀算经》《九章算术》《海岛算经》《张丘建算经》《夏侯阳算经》《五经算术》《缉古算经》《缀术》《五曹算经》《孙子算经》。《算经十书》较完备地体现了古代中国数学各方面的内容，不但成为我国古代数学发展的里程碑，也在我国数学史上占据了极为重要的地位。其中大多数还曾传入朝鲜和日本，成了他们进行数学教育和考试的教科书。《算经十书》中用过的数学名词，如分子、分母、开平方、开立方、正、负、方程等，都一直沿用到今天。其中我们关注的是《缀术》和《缉古算经》。

祖冲之所撰写的《缀术》共五卷，汇集了祖冲之父子的数学研究成果，是一部内容极为精彩的数学书，很受人们重视。唐朝官办学校的算学馆中规定：学员要学《缀术》四年；政府举行数学考试时，多从《缀术》中出题。《缀术》一书内容深奥，以至"学官莫能究其深奥，故废而不理"。说明《缀术》应该是《算经十书》中最难的一本。

《隋书·律历志》在介绍祖冲之数学工作时提到："又设开差幂、开差立，兼以正负参之。""开差幂、开差立"，很可能是各项系数可正可负的开带从平方和开带从立方。钱宝琮先生认为"开差幂"是 $x^2+Bx=A(A>0，B>0)$，且系数为正，是《九章算术》已解决过的开带从平方问题。另外，还有 $x^2-Bx=A$ 形式。"开差立"则包含 $x^3+Bx^2+Cx=A(A>0，B>0，C>0)$ 和 $x^3-Bx^2+Cx=A$ 两种形式[1]，即可能是各项系数可为正或负的开带从平方和开带从立方，不过由于《缀术》失传，这一论断无法最终确证。[2] 系数可正可负的 $x^2+Bx=A$ 情况的明确记录，最早见于北宋刘益的《议古根源》，后面我们还要谈到这个内容。

---

[1] 郭书春主编. 中国科学技术史（数学卷）. 北京：科学出版社，2010：246-247.
[2] 刘钝. 大哉言数，沈阳：辽宁教育出版社，1992：204.

3. 王孝通及其开带从三次方

王孝通生于北周武帝年间，逝世在唐贞观年间。王孝通曾在隋朝做官。唐初为算历博士，相当于八品官，比七品县令还要小。隋唐时期，在数学教育方面的一项重要举措是在国子监内设立算学馆，并相应地在科举考试中设有明算科。如隋朝国子寺[1]设立"算学"，置有博士二人，助教二人，招收学生八十人，进行数学教育。可见，王孝通是科班出身的数学家。

他出身平民，少年时期便开始潜心钻研数学，隋朝时以历算入仕，入唐后被留用，唐朝初年做过算学博士，后升任通直郎、太史丞。毕生从事数学和天文工作。他对《九章算术》和祖冲之的《缀术》都有深入研究，他在《上缉古算经表》中批评时人称之精妙的《缀术》："曾不觉方邑进行之术全错不通，刍甍、方亭之问于理未尽。"由于《缀术》已经失传，王孝通的说法是否正确，已无从查考，但想来恐有失偏颇。

王孝通所撰《缉古算经》是《算经十书》中唯——一部由唐代学者撰写的著作，这是中国现存最早也是极具特色的解三次方程的专著，是唐代国子监的算学课本中的一本，被奉为数学经典，对后世有深远影响。当然，他当时宣称，"请访能算之人考论得失，如有排其一字，臣欲谢以千金"，这又未免有些过于自信。全书一卷共二十题。第一

---

[1] 国子学(国子寺、国子监)与太学，名称虽异，历代制度也有变化，但俱为最高学府。当两者并设时，国子学的教育对象为统治者或高级贵族之子弟。国子学是国子监的前身，晋武帝咸宁二年(276)始设，与太学并立。南北朝时，或设国子学，或设太学，或两者同设。北齐改名国子寺。隋文帝时以国子寺总辖国子、太学、四门等学。炀帝时改国子寺为国子监。唐宋亦以国子监总辖国子、太学、四门等学。元代设国子学、蒙古子学、回回子学，亦分别称国子监。明清仅设国子监，为教育管理机关，兼具国子学性质。光绪三十一年(1905)设学部，国子监遂废。

题为推求月球赤道经度数，属于天文历法方面的计算问题，第二至十四题是修造观象台、修筑堤坝、开挖沟渠、建造仓廪和地窖等土木工程和水利工程的施工计算问题，第十五至二十题是勾股问题。这些问题反映了隋代现实生活中开凿运河、修筑长城和大规模城市建设等土木和水利工程施工计算的实际需要。《缉古算经》中开带从立方的方程形式包括 $x^3 + Bx^2 + Cx = A$ 和 $x^3 + Bx^2 = A$ 两种，其中方程的系数均为正数。书中还有一个 $x^4 + px^2 = N$ 是用两次开平方得到结果的。下面我们具体看一下书中的第三问和第四问中的三次方程。

假令筑堤，西头上、下广差六丈八尺二寸，东头上、下广差六尺二寸。东头高少于西头高三丈一尺，上广多东头高四尺九寸，正袤多于东头高四百七十六尺九寸。甲县六千七百二十四人，乙县一万六千六百七十七人，丙县一万九千四百四十八人，丁县一万二千七百八十一人。四县每人一日穿土九石九斗二升。每人一日筑常积一十一尺四寸十三分寸之六。穿方一尺得土八斗。古人负土二斗四升八合，平道行一百九十二步，一日六十二到。今隔山渡水取土，其平道只有一十一步，山斜高三十步，水宽一十二步，上山三当四，下山六当五，水行一当二，平道踟蹰十加一，载输一十四步。减计一人作功为均积。四县共造，一日役华。今从东头与甲，其次与乙、丙、丁。

问：给斜、正袤与高，及下广，并每人一日自穿、运、筑程功，及堤上、下高、广各几何？

答曰：一人一日自穿、运、筑程功四尺九寸六分。西头高三丈四尺一寸，上广八尺，下广七丈六尺二寸，东头高三尺一寸，上广八尺，下广一丈四尺二寸，正袤四十八丈，斜袤四十八丈一尺。甲县正袤一十九丈二尺，斜袤一十九丈二尺四寸，下广三丈九尺，高一丈五尺五寸。乙县正袤一十四丈四尺；斜袤一十四丈四尺三寸，下广五丈七尺六寸，高二丈四尺八寸。丙县正袤九丈六尺，斜袤九丈六尺二寸，下广七丈，高三丈一尺。丁县正袤四丈八尺，斜袤四丈八尺一寸，下广七丈六尺二寸，高三丈四尺一寸。

这里求"东头高"时，相当于求解 $x^3 + 5004x^2 + 1169953\frac{1}{3}x = 41107188\frac{1}{3}$，解得 $x=31$。王孝通给出了"术文"（算法），但是并未给出计算的过程（"细草"）。解此方程的"术文"如下，较为晦涩难懂。

> 求堤上、下广及高、袤，术曰：一人一日程功乘总人，为堤积。以高差乘下广差，六而一，为鳖幂。又以高差乘小头广差，二而一，为大卧堑头幂。又半高差，乘上广多东头高之数，为小卧堑头幂。并三幂，为大小堑鳖率。乘正袤多小高之数，以减堤积，余为实。又置半高差及半小头广差与上广多小头高之数，并三差，以乘正袤多小头高之数。以加率为方法。又并正袤多小头高、上广多小高及半高差，兼半小头广差加之，为廉法，从。开方立除之，即小高。加差，即各得广、袤、高。又正袤自乘，高差自乘，并，而开方除之，即斜袤。

清朝数学家陈杰在《校注缉古算经细草》中给出了求"东头高"的方程及其一个正根：$x^3+5004x^2+1169953\frac{1}{3}x=41107188\frac{1}{3}$，$x=31$。

清·陳傑《校註緝古算經細草》【略】一人一日程功袤總人，得二七五九二四八爲隄積。高袤乘下廣袤，得一九二二六而一，得三二〇三三，又三分之一爲鼈幂。又以高袤乘小頭廣袤，得一九二二而一，得九六一爲大臥塹頭幂。半高袤乘上廣多東頭高之數，得七五九五爲小臥塹頭幂。并之，得四九二三八又三分之一爲大小塹率。以袤正表多小高之數，得二三四八一七六一一又三分之二，以減隄積，餘四一一〇七一八八又三分之一爲方實。置半高袤及半小頭廣袤，與上廣多小頭高之數，得二一〇七一八八又三分之一以袤正表多小高，半高袤半小頭廣袤，得五〇〇四爲廉灋。從。開立方除之，商得三。以袤方灋，得三五〇九六以所商并初商自六。以所商再自乘得二七，并之，減實，餘一四七七九八八又三分之一次商得一，以袤方灋，得一一六九九五三又三分之一爲次商之，所得，減初商自數，餘六一。以袤廉灋得五〇五二四，減初商再自乘，餘二七九一。并之，減實，恰盡。得小高。各加袤，又再自之，所得，得廣表高正表自乘得一三〇四，高袤自乘，得九六一，并之得二三一三六一，開平方除之，得四八一爲斜表。合問。

图 3-1 陈杰《校注缉古算经细草》中解王孝通方程的草

同理，我们看一下第四问中的两个三次方程。

假令筑龙尾堤，其堤从头高、上阔以次低狭至尾。上广多，下广少，堤头上下广差六尺，下广少高一丈二尺，

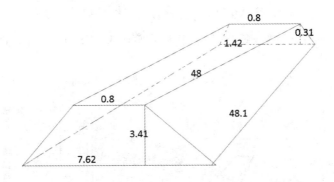

图 3-2　《缉古算经》第三问补图（数字的单位为"丈"）

少衰四丈八尺。甲县二千三百七十五人，乙县二千三百七
十八人，丙县五千二百四十七人。各人程功常积一尺九寸
八分，一日役毕，三县共筑。今从堤尾与甲县，以次与乙、
丙。

问：龙尾堤从头至尾高、衰、广及各县别给高、衰、
广各多少。

答曰：高三丈，上广二丈四尺，下广一丈八尺，衰六
丈六尺；甲县高一丈五尺，衰三丈三尺，上广二丈一尺；
乙县高二丈一尺，衰一丈三尺二寸，上广二丈二尺二寸；
丙县高三丈，衰一丈九尺八寸，上广二丈四尺。[1]

其中给出两个方程并求出答案，即分别是"下广一丈八尺"（$x =$
18）和"衰三丈三尺"（$x = 33$）。对应的三次方程是 $x^3 + 62x^2 + 696x =$
38448 和 $x^3 + 594x^2 = 682803$。王孝通并未给出开方的细草，但对他来
说解这些方程已不是什么困难的事情了。后来清朝的数学家研究《缉

---

[1]　郭书春，刘钝校点.《算经十书》(二).沈阳：辽宁教育出版社，1998：7-8.

第三章　开方术的发展（一）：从开带从方到贾宪三角与立成释锁开方法 | 51

古算经》时，给出了列方程和开方运算的详细过程。

下面是清朝数学家揭廷锵在《缉古算经考注图草》中给出的该题目的几何模型。

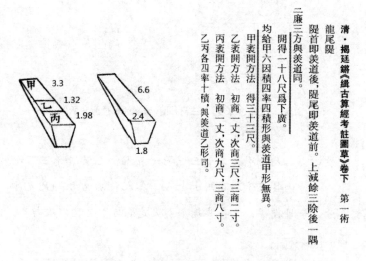

清·揭廷锵《缉古算經考註圖草》卷下　第一術

龍尾陛

陛首即羡道後，陛尾即羡道前。　上減餘三除後一隅二廉三方與羡道同。

開得一十八尺爲下廣。

均給甲六因積四率四積形與羡道甲形無異。

甲表開方法　得三十三尺。

乙表開方法　初商一丈，次商三尺，三商二寸。

丙表開方法　初商一丈，次商九尺，三商八寸。

乙丙各四率十積，與羡道乙形同。

图 3-3　《缉古算经》第四问揭廷锵《缉古算经考注图草》[1]

但是至此，被开方数只能是正数并在方程的右端，方程系数也只能是正数。到北宋时期，这些局限问题才被突破。

----

[1]　为了清楚起见，给揭廷锵的图形补充标注的以丈为单位的数字。

二、贾宪三角与立成释锁开方法

1. 贾宪与贾宪三角

贾宪是中国 11 世纪上半叶（北宋时期）的杰出数学家，他的老师楚衍是著名数学家和天文学家，"于《九章》《缉古》《缀术》《海岛》诸算经尤得其妙"，当时的王洙（997—1057）记载："世司天算，楚衍为首。既老昏，有弟子贾宪、朱吉著名。宪今为左班殿值，吉隶太史。宪运算亦妙，有书传于世。"可见，贾宪可以说是名师的高徒，据《宋史·艺文志》

图 3-4 北宋数学家贾宪

和明焦竑《国史经籍志》记载，他分别曾撰写《黄帝九章算法细草》九卷和《算法敩古集》二卷。但贾宪的著作已佚，他对数学的重要贡献，被南宋数学家杨辉引用，得以保存下来。杨辉《详解九章算法》载有"开方作法本源"图，这就是著名的"贾宪三角"。贾宪的主要贡献之一就是创造了"贾宪三角"和"增乘开方法"(该内容将在第四章中介绍)。

贾宪三角,在欧洲叫作帕斯卡三角形。帕斯卡(1623—1662)是在1654年发现这一规律的,比杨辉要迟393年,比贾宪迟600年,所以这个图形应该叫贾宪三角,杨辉三角[1]也是误称。贾宪三角原名"开方作法本源"图,又称"释锁求廉本源"。"贾宪三角"就是将二项式定理的展开式的系数自上而下摆成等腰三角形的数表:

图3-5　"开方作法本源"即贾宪三角(图片来源于《中华大典·数学典》"开方总部")

贾宪在此数表下写道:"左袤乃积数,右袤乃隅算,中藏者皆廉。以廉乘商方,命实而除之。"[2] 前三句解释贾宪三角的结构,最外左右斜线上的数字,分别是$(a+b)^n (n=0, 1, 2, 3\cdots)$展开式中积$a^n$和隅算$b^n$的系数,中间的数"2","3,3","4,6,4"……分别是

————————

[1] 华罗庚写过一本名为《杨辉三角》的书,其中将"开方作法本源"误称为"杨辉三角",此后的中学数学教科书和许多科普读物遂以讹传讹。

[2] 《永乐大典》所引《详解九章算法》。

各廉，即开方中用到的系数，后两句说明了各系数在"立成释锁方法"（后面要讲到的开方法）中的作用。"2"和"3，3"分别在开平方和开立方中使用，而"4，6，4"和"5，10，10，15"……分别在开四次方和开五次方中使用……贾宪三角表明，贾宪的立成释锁方法将开方推广到任意次方，这是一个重大突破。

那么，贾宪是如何求得开任意次方时要用到的系数呢？贾宪三角之后附有造法，即增乘方求廉法：

列所开方数，以隔算一，自下增入前位，至首位而止。复以隔算如前升增，递低一位求之。

贾宪还给出了求开六次方各廉"6，15，20，15，6"的细草，即自下累加而上求得第一位，然后重复上述过程至第二位，需要五步完成。下面把计算过程简化为下表，并给出了求得第二位得数"15"的详细过程。

表 3-1 贾宪求开六次方各廉的细草

第一位	1	⑥					
第二位	1	5	⑮				10+5
第三位	1	4	10	⑳			6+4
第四位	1	3	6	10	⑮		3+3
第五位	1	2	3	4	5	⑥	1+2
隔 算	1	1	1	1	1	1	1

最后得到"6，15，20，15，6"，就是开六次方的各廉。显然，用这种方法可以求出任意高次方的各廉。换言之，贾宪已能把贾宪三角写到任意多层。我们不难发现这里所得开方所用系数"6，15，20，15，6"实为 $(a+b)^6$ 展开式中的系数，用这种方式求得可谓巧妙。

贾宪给出"增乘方求廉法",可以计算出二项式定理中任意次方的系数,"增乘"求之即可,贾宪三角就是记录下每次求得系数的结果。遗憾是,他并没有注意到"贾宪三角"中上下两层之间的数量关系,下一层可用上一层构造得到,即下层数字为其上层顶上相邻两个数字的和。

《九章算术》中的开平方,有"除已,倍法为定法"与"所得副以加定法,以除,以所得副从定法"的规定。这里我们看到开方得到"初商"后硬性规定的系数"2",还有在估得"次商"后的运算$(2a+b)+b$,显然该运算的结果为$2(a+b)$,仍契合硬性规定的系数"2"。

开立方,对于初商减根后规定"三之为定法,以三乘所得数置中行",得到开立方所用系数"$3a$,$3a^2$",即贾宪三角中的"3,3"。商得第二位根后,还需要这个系数即$3(a+b)$,$3(a+b)^2$,但这在《九章算术》的开立术中通过"倍下并中从定法"和"以三乘所得数置中行"来实现,即$(3a^2+3ab+b^2)+3ab+2b^2=3(a+b)^2$,$(3a+3b)=3(a+b)$。这样虽然有些麻烦,但是算法没有问题,刘徽对这种做法给出几何模型进行解释。但当开四次及以上方时已没有对应的几何模型,也只能通过某种算法来解决这个问题,也许这是开四次及以上方的方法出现比较晚的原因吧。

利用贾宪三角提供的"增乘求廉草"很容易得到开任意次方所需系数。另外,"增乘求廉草"的程序既然可以求得开方程序中所必须用到的关键数字,比如"2","3,3","4,6,4"……这肯定并非巧合,那么能否将求廉草的算法与开方程序有机地整合到一起呢?实际上,这将会出现一种简单的开方算法,即"增乘开方法",我们将在下一章介绍这一方法。

2. 立成释锁

贾宪把他的开方法叫作"立成释锁"。"释锁"形象地比喻开方为打开一把锁，而唐宋历算家把载有一些计算常数的算表称为"立成"，所以"立成释锁"就是借助某种算表（这里是贾宪三角），进行开方的方法。

立成释锁方法算理分析。贾宪三角中每一行的数字，恰好是二项式展开式的系数

$$(a+b)^n = C_n^0 a^n b^0 + C_n^1 a^{n-1} b^1 + \cdots + C_n^r a^{n-r} b^r + \cdots + C_n^n a^0 b^n, \quad C_n^r (r=0, 1, 0, \cdots, n)。$$

假设 $A = (a+b)^n$，a 是十位数，b 是个位数，则 $\sqrt[n]{A} = 10 \cdot (a+b)$，或者采用位值制写成 ab。而

$$A - a^n = (C_n^1 a^{n-1} + \cdots + C_n^r a^{n-r} b^{r-1} + \cdots + C_n^n b^{n-1}) b,$$

即

$$b = \frac{A - a^n}{(C_n^1 a^{n-1} + \cdots + C_n^r a^{n-r} b^{r-1} + \cdots + C_n^n b^{n-1})}。$$

这样估算出 $\sqrt[n]{A}$ 第一位数 a 后做减法 $A - a^n$，再利用上述关系即可得到 b。如果根有三位，只需将前两位视为一个，又变成根有两位的问题，依次类推就可以解决有多位根的开方计算问题。这可能就是贾宪创立"立成释锁"的原理，即若计算 $\sqrt[n]{A}$，就用"贾宪三角"提供的数表的系数为开方对应的廉（C_n^r），然后"以廉乘商方"（$C_n^r a^{n-r} b^r$），

$$A - a^n = (C_n^1 a^{n-1} + \cdots + C_n^r a^{n-r} b^{r-1} + \cdots + C_n^n b^{n-1}) b = 0,$$

再"命实而除之"。其中，用 $C_n^1 a^{n-1}$ 和 $C_n^1 (a+b)^{n-1}$ 分别估算出根的第二位和第三位……[1]即为"立成释锁"开方算法的程序。我们看一

---

[1] 刘钝. 大哉言数. 沈阳：辽宁教育出版社，1992：200.

下贾宪立成释锁开平方和开立方的具体内容。贾宪立成释锁平方法曰：

> 　　置积为实。别置一算，名曰下法。于实数之下，自末位常超一位约实，置首尽而止。实上商置第一位得数，下法之上，亦置上商，为方法。以方法命上商，除实。二乘方法为廉法，一退，下法再退。续商第二位得数，于廉法之次，照上商置隅。以廉、隅二法，皆命上商，除实。二乘隅法，并入廉法，一退，下法再退……

我们以前面讲过的《九章算术》开平方的题目为例，对比如下。显然，"立成释锁"方法更加强调构造出 $2a$，$2(a+b)$，当然其中要利用到开方式中的一些原有数据，因为已有 $2a$，只需在后面加上 $2b$（二乘隔法，并入廉法），即为 $2(a+b)$，这里"立成释锁"与《九章算术》的开平方比起来优越性并不明显。

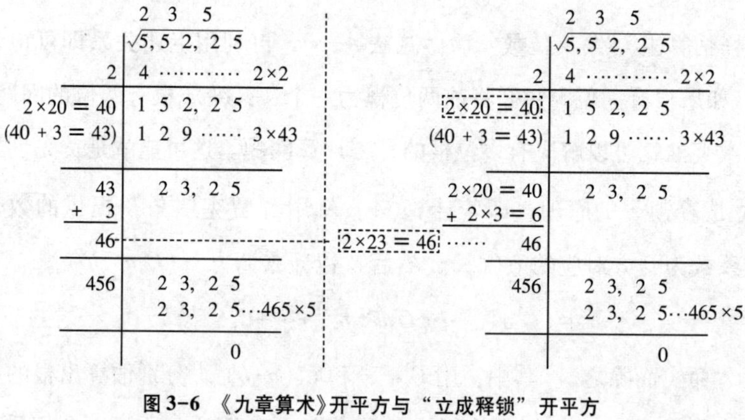

图 3-6 《九章算术》开平方与"立成释锁"开平方

贾宪立成释锁开立方法曰：

置积为实。别置一算，名曰下法。于实数之下，自末位至首，常超二位。上商置第一位得数，下法之上，亦置上商，又乘置平方，命上商除实讫。取用第二位法。三因平方，一退，亦三因从方面，二退为廉，下法三退。续商第二位得数，下法之上，亦置上商，为隅。以上商数乘廉、隅，命上商除实讫。求第三位即如第二位取用……[1]

下面我们用现在的代数符号展示上述开方过程。

表3-2　贾宪"立成释锁"开立方

商	a	a	ab	ab
实	N	$N-a^3$	$N-a^3$	$N-(a+b)^3$
法	0	$3a^2$	$3a^2+3ab+b^2$	$3(a+b)^2$
廉	0	$3a$	$3a$	$3(a+b)$
下	1	1	1	1

这里，贾宪的术文中并未给出是如何得到 $3(a+b)$，$3(a+b)^2$ 的，对此学者们有不同见解。立足开方程序本身，并参照明朝吴敬的"立成释锁"方法，作者倾向于 $3(a+b)$，$3(a+b)^2$ 是分别通过 $3a+3b$ 和 $3a^2+2(3ab)+3b^3$ 计算得到的。$3(a+b)^2$ 是由"上商一遍乘廉（$3a\cdot b$），二遍乘下（$b\cdot b=b^2$），乃二乘廉[$2\cdot(3ab)$]，三乘隅法（$3\cdot b^2$），皆并入方法"得到；或者是直接利用 $3(a+b)^2$ 来计算，但前者的可能性要

---

[1]　郭熙汉. 杨辉算法导读. 武汉：湖北教育出版社，1996：442-443.

大一些。[1]

下面我们再举一个例子来说明立成释锁开方法的解题过程[2]。明朝数学家吴敬在《九章算法比类大全》中用"立成释锁"开六次方的算法。

法曰：置积为实，别置一算，名曰下法。自末位常超五位，约实，商置第一位，下法亦置上商，四遍乘为隅法，与上商除实，余实。乃六乘隅法，为方法。下法再置上商，列为四位。第一位三遍上商乘，又以十五乘之为上廉。第二位二遍上商乘，又以二十乘之为二廉。第三位以上商乘，又以十五乘之为三廉。第四位以六乘为下廉。乃方法一退，上廉再退，二廉三退，三廉四退，下廉五退，下法六退。续商，置第二位，以方、廉五法商余实，下法亦置上商，四遍乘为隅法，又以上商一遍乘上廉，二遍乘二廉，三遍乘三廉，四遍乘下廉，以方、廉、隅六法皆与上商，除实，仍余实。乃二乘上廉、三乘二廉、四乘三廉、五乘下廉、六乘隅法，皆并入方法。又，于下法副置上商，进五位，列为四位：第一位三遍上商乘，又以十五乘之为上廉。第二位二遍上商乘，又以二十乘之为二廉。第三位以上商乘，又以十五乘之为三廉。第四位以六乘为下廉。乃方法一退，

[1] 段耀勇. 立成释锁方法操作问题探究. 内蒙古师范大学学报：自然科学汉文版，32(3)，2003：297-304.
[2] 因为开带从方本身就比较复杂，它又蕴含在开方根运算里，所以本章不举立成释锁开带从方的例子。

上廉再退……[1]

下表用代数的方式展示了吴敬的立成释锁开六次方的计算过程。

表3-3　吴敬"立成释锁"开五乘方(开六次方)

商		a	ab	ab	ab	abc
实	N	N	$N-a^6$	$N-(a+b)^6$	$N-(a+b)^6$	$N-(a+b)^6$
方法	0	a^5	$6a^5$	$6a^5$	$f(a,b)=6(a+b)^5$	…
上廉	0	a^4	$15a^4$	$15a^4b$	$15(a+b)^4$	…
二廉	0	a^3	$20a^3$	$20a^3b^2$	$20(a+b)^3$	…
三廉	0	a^2	$15a^2$	$15a^2b^3$	$15(a+b)^2$	…
下廉	0	a	$6a$	$6ab^4$	$6(a+b)$	…
下法	1	1	1	1	1	…
隔法		a^5		b^5	上商$(a+b)$	…

其中系数"6，15，20，15，6"由"贾宪三角"得到，吴敬在计算第二位减根系数方程时，并没有使用"贾宪三角"已得到的系数，而是利用下面的关系 $f(a,b)=2\cdot15a^4b+3\cdot20a^3b^2+4\cdot15a^2b^3+5\cdot6ab^4+6b^5+6\cdot a^5$，凭借开方时已经计算过的 $15a^4b$，$20a^3b^2$，$5a^2b^3$，$6ab^4$，$6b^5$，$6\cdot a^5$ 得到，即"乃二乘上廉、三乘二廉、四乘三廉、五乘下廉、六乘隔法，皆并入方法"，这样就可以充分利用开方中已经计算过的数值了。而 $15(a+b)^4$，$20(a+b)^3$，$15(a+b)^2$，$6(a+b)$ 则分别通过如下计算方式得到：先"副置上商"$(a+b)$，列四位，"第一位三遍上商乘"得 $(a+b)^4$，又以15乘之为上廉 $15(a+b)^4$；第

─────────

[1]　吴敬．九章算法比类大全//郭书春．中国科技典籍通汇．数学卷(二)．郑州：河南教育出版社，1993：1-1087.

二位二遍上商乘，又以 20 乘之为二廉 $20(a+b)^3$；第三位以上商乘，又以 15 乘之为三廉 $15(a+b)^2$；第四位以 6 乘之为下廉 $6(a+b)$。

这足以说明当时的中国数学家已熟知二项式的展开系数 $[(a+b)^n, n=2, 3\cdots6]$。由此，我们也可以推定宋代时的数学家也掌握了这些展开式。显然，这种方法突破了开方次数的限制，计算也有法可循，但是随着次数的逐渐增高，计算也会变得越来越复杂。

3. 明清时期使用立成释锁的情况

明朝中叶以后开方以珠算为主，而且都是用"立成释锁"开方的。因为开方在算盘上进行，就有了相应的调整。后来结合归除算法，珠算开方从商除开方法发展为归除开方法，但是开方所需要的系数仍然由贾宪三角得到。比如，明代的王文素用歌诀的形式总结出了开三乘方（即开 4 次方）及以上各乘方的运算法则，举出 5 位数开 4 次方，13 位数开 5 次方，17 位数开 6 次方，15 位数开 7 次方和 12 位数开 8 次方的例题，并写出了运算过程。王文素改进了"贾宪三角"，然后遵循珠算运算口诀化的特点编好程序逐步运算，即可得到准确结果，其开方算法和后来的珠算开方已非常接近。但是牛腾博士认为王文素的开方还不是严格意义上的珠算开方，我们姑且称之为"前珠算开方法"。后来珠算开方也都毫不例外地使用立成释锁开方，相关内容将在第五章中继续详细介绍。

清初开方继续使用"立成释锁"，直到清中后期才又重新发现了宋朝贾宪所创的"增乘开方"法。梅文鼎（1633—1721），字定九，号勿庵，安徽省宣城人，是清初著名的天文学家、数学家，为清代"历算第一名家"和"开山之祖"。清代的梅文鼎也是利用"立成释锁"开方的。《清史稿·列传二百九十三》记载，梅文鼎："外有书一十七种为续编：一，《少广拾遗》一卷。古有一乘方至九乘方相生之图，而莫详所用。后或增之至十乘，惟四乘方与十乘方不可借用他法，因为推演至十二乘方，有条不紊。"他可以借助"贾宪三角"开13次方。

图3-7　梅文鼎像

　　按照我们现在的理解，开平方和开立方可以分别用面积和体积来解释，开4次以上方就没有几何模型与之对应了。我们不能低估了古人的智慧，比如明朝周述学在《历宗算会》，清朝孔广森在《少广正负术内篇》中就载有开4次方、开5次方和开6次方的几何解释，分别见图3-8和图3-9。这对我们来说，还是有一定的启发意义的。

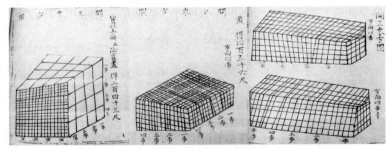

图3-8　周述学对开高次方的几何解释（图片来源于《中华大典·数学典》"开方总部"）

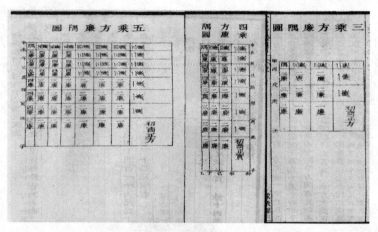

图 3-9　孔广森对开高次方的几何解释（图片来源于《中华大典·数学典》"开方总部"）

　　前面提到，在宋朝已出现"立成释锁"和"增乘开方"两种开任意高次方的方法。但是"立成释锁"较为麻烦，这与中国传统数学的算法化和机械化的特点很不相符。实际上，程序简单、操作性更强的开任意次方的方法，即现代称为霍纳算法的"增乘开方法"，在宋朝"立成释锁"开方法出现之后也出现了。利用"贾宪三角"提供的"增乘求廉草"，很容易求得开任意次方所需系数。另外，"增乘求廉草"的程序既然可以求得开方时所用到的关键数字，比如"2"，"3，3"，"4，6，4"等，那么能否将求廉草的过程融合到开方程序里面呢？如果能，会出现什么意外的结果呢？实际上，将会有一种崭新的简单方法，即"增乘开方法"横空出世。

第四章　开方术的发展（二）：增乘开方法即霍纳算法

上一章提到，贾宪所创"增乘开方法"是高次方程求一个正根数值解的一般方法，计算程序大致和欧洲数学家霍纳的方法相同，但比他早770年。目前大学数学课程《高等代数》中所学综合除法，其原理和程序都与其相仿。增乘开方法比传统的开方法整齐简捷，又更程序化。它在开高次方或带从的高次方时，优越性尤其明显。增乘开方是将《九章算术》"开方术"和贾宪的"增乘求廉草"有机结合、归纳和推广的结果。增乘开方的发展脉络是：传统开方—立成释锁—释锁求廉本源（贾宪三角的造表法）—增乘开方。增乘开方法产生于北宋，经南宋至元代蓬勃发展起来，明朝至清初失传，清中后期才被重新发现。

一、贾宪的增乘开方

1. 增乘开方的由来

通过前面对开方术的介绍和了解，我们知道"贾宪三角"是"立成释锁"中的"立成"即表格。该表格应该是从乘方算法和开方术中归纳得到，后来经贾宪创造了"增乘求廉法"，这样一来，贾宪三角可以用来求开任意次方的系数，而该三角形每一行的系数即二项式定理中的系数。直接从开方术中归纳出贾宪三角是有一定困难的，借助当时语境中的增乘算法，即借助增乘求廉法草，可以容易得到"贾宪三角形"。这种"边乘边加"的增乘算法，在算理上与开方算法有内在的一致性，开方可以归结为：

$$(a+b)^n - a^n = C_n^1 a^{n-1} b + C_n^2 a^{n-2} b^2 + \cdots + C_n^r a^{n-r} b^r + \cdots + b^n。$$

按秦九韶算法，上式右边可以写成

$$\{C_n^1 a^{n-1} + [C_n^2 a^{n-2} + \cdots (C_n^{n-1} a + b) \cdots] b\} b，$$

这个算式就是开方中用次商 b 减根的一步，按照中算开方程序从最下面的隅算 1 开始用 b 去乘，向上"边乘边加"，至 $C_n^r a^{n-r}$ 时 b 已

累乘 r 次……即可完成减根过程，问题是 $C_n^r a^{n-r}$ 的系数 C_n^r 怎么确定的呢？（参见小知识：增乘开方与立成释锁）

贾宪三角和增乘开方是中算史上辉煌的篇章，其虽未最终发展出完善意义上的二项式定理，但其自身足以说明了数学知识起源的多源性，它完全是中算高度机械化和程序化开方算法的产物。

该方法由贾宪所创，经杨辉等人的推广和传播，到 13 世纪已成系统，即此时以"增乘开方法"为主导的求高次方程正根的方法，已经发展得十分完备。秦九韶的"正负开方术"在中国数学史上首次提出"以方约实"的估根方法。秦九韶、李冶、朱世杰等在开方过程中遇"换骨""投胎"时，则继续开方，无须寻找其他处理方法。对系数是无理数的情况，进行了有理化处理。对方程的最高次项系数出现不为"1"的情况，李冶、朱世杰等创造了"之分术"，又称为"连枝同体术"，利用变量代换将最高次项系数化为"1"，这也体现数学划归的思想。

明朝时期"增乘开方法"失传，清中叶之后，人们重新发现了"增乘开方法"，几乎所有著名的数学家都投入了对秦九韶等开方术的研究。谈天三友汪莱、李锐、焦循互相切磋辩诘，讨论了方程的分类及根与系数的关系。华蘅芳认为古人"今古开方会要之图"是"专为递开一数而设"，在此基础上创立了基于"开方诸表"的开方法，其方法尽管不如增乘开方法简单，却也是一种创见。

下面的三角形为朱世杰改进后的"贾宪三角"。因为朱世杰已经认识到了"贾宪三角"上下层之间的数量关系，所以就不需要用"增乘求廉草"求开方所用系数了。而且朱世杰明确指出该图用途就是增乘开方。

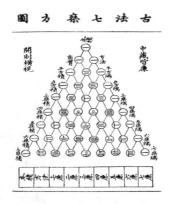

图4-1 朱世杰改进的贾宪三角（用于增乘开方）
（图片来源于《中华大典·数学典》"开方总部"）

2. 贾宪的增乘开方

贾宪创造的"增乘开方法"，又称"递增开方法"，把开方法推进到一个新的阶段。原收入《释锁算书》一书，但贾宪原作已佚。他对数学的重要贡献，被南宋数学家杨辉引用，被抄入《永乐大典》卷一万六千三百四十四，幸而得以保存下来。目前大学数学课程《高等代数》中的综合除法的程序与此相类似。贾宪的书中保留了增乘开平方和开立方的方法和例题。

> 增乘开平方法：以商数乘下法，递增求之。商第一位，上商得数以乘下法为乘方，命上商除实。上商得数以乘下法入乘方，一退为廉，下法再退。商第二位，商得数以乘下法为隅，命上商除实讫。以上商乘下法入隅，皆名曰廉，一退，下法再退，以求第三位商数。商第三位，用法如第二位求之。

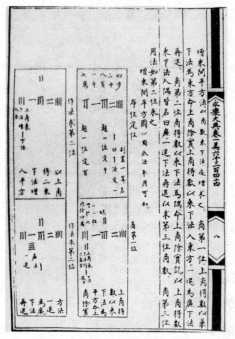

图4-2 贾宪增乘开平方及例题书影（图片来源于《永乐大典》）

贾宪的增乘开立方方法记录在他解《九章算术·少广》的题目 $x^3 =$ 1860867，$x = 123$ 中。贾宪的方法是：

草曰：实上商置第一位得数一百。以上商乘下法，置廉一百，乘廉为方一万，除实，讫。复以上商一百乘下法入廉共二百，乘廉入方共三万。又乘下法入廉共三百。其方一、廉二、下三退定十。再于第一位商数之次，复商第二位得数二十，以乘下法入廉共三百二十，乘廉入方共三万六千四百，命上商除实，讫余一十三万二千八百六十七。复以次商二十乘下法入廉共三百四十，乘廉入方共四万三

千二百尺。又乘下法入廉共三百六十。其方一、廉二、下
三退，如前。上商第三位得数三尺，乘下法入廉共三百六
十三，乘廉入方共四万四千二百八十九，命上商三尺除实，
适尽，得立方一面之数。

这两段术文给出了抽象的开平方和开立方的方法，这是在《九章
算术》开方法基础上发展起来的方法，具有程序简单、操作性强的特
点。最为关键是该开方程序把减根和求廉（开方算用到的关键系数）
算法统一起来，极具智慧。与其同时代稍早出现的"立成释锁"相
比，更为简便和优越。我们先用现代表格形式展示这两种方法，然后
举一个开 4 次方的例子。

表 4-1　增乘开平方

商		a	a	ab	ab	ab
实	N	N	$N-a^2$	$N-a^2$	$N-(a+b)^2$	$N-(a+b)^2$
法		0	a	$2a$	$2a+b$	$\underline{2a+b+b}$
借	1	1	1	1	1	1

表 4-2　增乘开立方

商	a	a			ab	ab	ab
实	N	$N-a^3$			$N-a^3$	$N-(a+b)^3$	$N-(a+b)^3$
法	0	a^2	$3a^2$		$\underline{3a^2+3ab+b^2}$		$3(a+b)^2$
中	0	a	$2a$	$3a$	$3a+b$	$3a+2b$	$3(a+b)$
下	1	1	1	1	1	1	1
	第 1 列	第 2 列	第 3 列	第 4 列	第 5 列	第 6 列	第 7 列

用开立方解释一下做法：第 1 列，步算；

第 2 列，初商 a 由下而上边乘边加（对第 1 列操作），得 1，a，a^2，减实 $N-a^2 \cdot a = N-a^3$；

第 3 列，a 由下而上边乘边加至第三位（对第 2 列操作），得 $3a^2$；

第 4 列，a 由下而上边乘边加至第二位（对第 3 列操作），得 $3a$，此时，第二位试根前的准备工作完成，由 $3a^2$ 估"余实"$N-a^3$，得第二位根 b；

第 5 列，b 由下而上边乘边加至第三位（对第 4 列操作），得 $3a^2+3ab+b^2$，并减实；

第 6、7 列，用 b 重复第 3、4 列的做法……

显然，"增乘开方法"非常优越，边乘边加的计算程序操作简单。开任意次方的系数，不仅摆脱了"贾宪三角"，而且是用开方所用减根程序自然得到。即求"贾宪三角数"的"增乘方法"，已被纳入开方程序并采用增乘方法求得，后面重复前面的步骤即可。这种方法无论处理开方还是开带从方都一样自然，可以不做区分。与复杂的开带从高次方的立成释锁相比，增乘开方优美而简洁。

我们以 $\sqrt[4]{1336336}$（古代称为开三乘方）为例，来说明这种算法。

递增三乘开方法草曰：

(1)置积为实。别置一算名曰下法于实末。常超三位，约实。（一乘超一位，三乘超三位。万上定实。）

(2)上商得数（三十）；乘下法，生下廉（三十）；乘下廉，生上廉（九百）；乘上廉，生立方（二万七千）。命上商，除实（余五十二万六千三百三十六）。

(3)作法：商第二位得数。以上商乘下法，入下廉（共六十）；乘下廉，入上廉（共二千七百）；乘上廉入方（共一十万八千）。

（4）又乘下法入下廉（共九十），乘下廉入上廉（共五千四百）。又乘下法入下廉（共一百二十）。

（5）方一、上廉二、下廉三、下法四退（方一十万八千，上廉五千四百，下廉一百二十，下法定一）。

（6）又于上商之次续商置得数（第二位：四）。以乘下法入下廉（一百二十四）；乘下廉入上廉（共五千八百九十六），乘上廉并为立方（一十三万一千五百八十四）。命上商，除实，尽，得三乘方一面之数（如三位立方，依第二位取用）[1]。

将筹码改为对应的阿拉伯数字的算草图应为：

商							
实	1	3	3	6	3	3	6
立方							
上廉							
下廉							
下法							1

（1）步算定位

商						3
实	1	3	3	6	3	6
立方		2	7			
上廉			9			
下廉			3			
下法			1			

（2）商第一位

商						3
实	5	2	6	3	3	6
立方		2	7			
上廉			9			
下廉			3			
下法			1			

减实

---

[1] 此为法、草合一，原以大、小字区别，今将草放入括号中。以下的（1）（2）（3）……是作者加的，以便与下图相应。参见：郭书春《中国古代数学》。

(3)

商					3	
实	5	2	6	3	3	6
立方	1	0	8			
上廉		2	7			
下廉			6			
下法			1			

（3）作法：求商第二位

(4) 左

商					3	
实	5	2	6	3	3	6
立方	1	0	8			
上廉		5	4			
下廉			9			
下法			1			

(4) 右

商					3	
实	5	2	6	3	3	6
立方	1	0	8			
上廉		5	4			
下廉		1	2			
下法			1			

（4）作法：求商第二位　　　　作法：求商第二位

(5) 左

商					3	4
实	5	2	6	3	3	6
立方	1	0	8			
上廉			5	4		
下廉				1	2	
下法					1	

(6) 右

商					3	4
实	5	2	6	3	3	6
立方	1	3	1	5	4	8
上廉			5	8	9	6
下廉				1	2	4
下法						1

（5）商第二位　　　　　　（6）减实，尽

　　这里我们列举了增乘开三乘方（4 次方）的例子，而且选用的不是开带从方的例子。这里贾宪增乘方法的简捷性自不必多言，次数可任意高。但是这里仍然有两个局限：其一，开方所对应的方程的首项系数为"1"；其二，所有系数均为正。如果方程的首项系数不为"1"，或方程的系数出现负数的情况，这种方法还适用吗？

3. 刘益的"益积术"和"减从术"

刘益，中山（今河北省定州市）人，生平不详，是北宋重要的数学家。在南宋咸淳十年（1274）杨辉《乘除通变本末》成书之前，刘益完成《议古根源》一书。

《议古根源》已经失传，南宋数学家杨辉在《乘除通变本末》卷上说："刘益以勾股之术，治演段锁方，撰《议古根源》二百问，带益隅开方，实冠前古。"他又在《田亩比类乘除捷法》里提到："中山刘先生作《议古根源》……撰成直田演段百问，信知田体变化无穷，引用带从开方正负损益之法，前古之所未闻也。"根据杨辉关于刘益"引用带从正负损益之法"的记载和现存的题目可知刘益求解了带负系数的 $x^2-Bx=A$（$A>0$，$B>0$）和 $-x^2+Bx=A$（$A>0$，$B>0$）形式的方程。书中还有一个 4 次方程的题目 $-5x^4+52x^3+128x^2=4096$。

祖冲之在所著《缀术》中已解决过类似问题，此书唐初还存在，但在宋刻算经前失传。所以《议古根源》就是中国数学史上现存最早的解含有负系数方程的著作，这是一项重大创造和突破，因此杨辉说它"实冠前古"和"前古之所未闻"就不奇怪了。

我们选取刘益书中的 11 道题目，并用现代符号表示它们。（1）$x^2+12x=864$，（2）$x^2-12x=864$，（3）$x^2=3600$，（4）$-x^2+60x=864$，（5）$-x^2+60x=864$，（6）$x^2=144$，（7）$-5x^2+228x=2592$，（8）$-3x^2+228x=4320$，（9）$-x^2+312x=6912$，（10）$-8x^2+312x=864$，（11）$7x^2=9072$。

这里方程的首项系数是任意的，已没有原来是"1"的限制，所以说刘益的方程具有一般性，这是他的首创。他使用"益积开方术""益隅术""减从术""翻积术"四种方法解答上述方程。我们以 x^2-

$12x = 864$ 为例介绍一下他的"益积术"和"减从术"。另外，请大家注意尽管(4)(5)两题是同一个题目，由于采用了不同的开方方法而得到了两个不同的正根。局限于方程只有一个正根的窠臼，刘益没有得到一个二次方程可有两个正根的结论，这要等到清朝的汪莱和李锐，才能解决这个问题。

刘益的"益积术"。除了"从"为负以外，刘益的益积术与《九章算术》的"开带从方"差别不大。那么，如果按照《九章算术》的开方方法处理此题，会有什么结果呢?《九章算术》开方的核心程序操作为"乘加，乘加……乘减"，而且运算中不考虑参与计算数码的符号，均默认它们为正。这样一来，在开方过程中，被开方数会越来越大，这是不合理的。所以当开方中出现"负从"即二次方程的一次系数为负时，必须有新方法出现，否则无法解决这个问题。

按照《九章算术》的开方程序，首次估根为30，那么应该用 $30 \times (30-12)$ 减根，但因为这有悖于既有开方程序的语法，所以对于 $30 \times (30-12) = 900-360$，先将 -360 益积为 $864+360 = 1224$，然后再归结为合乎《九章算术》开方语法的程序进行减实。同理，倍根为60，用它估得方程的第二位根6，按照《九章算术》的减根应为 $[(60+6)+(-12)] \times 6 = 324$，这同样也不符合既有的语法，所以对于 $[(60+6)+(-12)] \times 6 = 324$，将72益积为 $72+324 = 396$，然后减实，尽。具体过程参见图4-3。

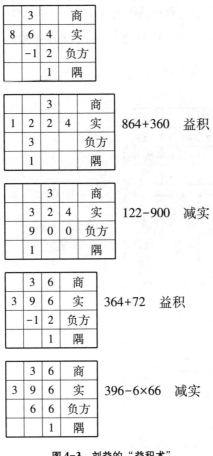

	3		商
8	6	4	实
	-1	2	负方
		1	隅

		3		商
1	2	2	4	实
		3		负方
		1		隅

864+360　益积

		3		商
	3	2	4	实
	9	0	0	负方
		1		隅

122-900　减实

	3	6	商
3	9	6	实
	-1	2	负方
		1	隅

364+72　益积

	3	6	商
3	9	6	实
	6	6	负方
		1	隅

396-6×66　减实

图 4-3　刘益的"益积术"

刘益的"减从术"。按照前面的分析可知，如果不考虑-12负号的影响，直接按照《九章算术》的开方程序去计算，计算时考虑符号即可，但是因为出现负号问题，不合传统开方法的语法，只能用"益积"的方式，先将"减实"时遇到的负数"益入积"，而后化为符合《九章算术》可开方的形式。或者通过"减从"（30-12）直接得到关于第二位根的方程，该方程已符合《九章算术》可开方的形式。

刘益的解法如下。首先估根为30，其中(30-12)为减从，开第二位得数的方程为：$x_2^2+[(30-12)+30]x_2=864-(30-12)\times30$，即$x_2^2+48x_2=324$，可得$x_2=6$。

	3		商
8	6	4	实
	-1	2	负方
		1	隅

	3		商
8	6	4	实
-1	2		负方
1			隅

	3		商
8	6	4	实
1	8		负方	30-12 减从
		1	隅

	3		商
3	2	4	实
	-1	2	负方
		1	隅

	3	6	商
3	2	4	实
	5	4	负方	30×2-12+6 减从
		1	隅

	3	6	商
3	2	4	实
3	2	4	负方
		1	隅

图 4-4　刘益的"减从术"

刘益的"益隅术"。对于$-x^2+60x=864$，$x=24$这种新形式的开方问题，刘益采用了"益隅术"。不按刘益的方式来演示他的"开带从方"过程，我们用现代数学符号简单解释一下他的算理。

首先估得第一位根为20，$-(20+x_2)^2+60(20+x_2)=864$，整理得：$-x_2^2+60x_2-40x_2=864+20^2-60\times20$，即$-x_2^2+60x_2-40x_2=64$。商得第二位根4，恰尽。同理，首次估根、减实时，因为二次项的系数为负，故先"益隅"即$864+400=1264$，再减实$1264-60\times20=64$；减根变换需要$2a=-40$，估得第二位根为4，类似的要"益隅"和"减从"$64+4^2+4\times40=240$，然后减实$240-(60\times4)=0$，开方尽。

综上，不难看出，无论是"益积""减从"还是"益隅"，都不过是因为开方时出现了负数，也就是说方程中有负系数，这不符合《九章算术》开方法的语法，所以刘益通过将负数部分产生"减实"的数值，事先采用加到"实"（被开方数）上的方式来处理。此时，开方式已合乎系数都为正的情况，然后再按《九章算术》开方程序处理即可。这里如果古人不拘于《九章算术》系数为正的开方术的限制，直接负数带着符号进行原有的程序计算的话，一种先进的开方法"增乘开方"呼之欲出。实际上"减从术"与后面要讲到的"正负开方术"类似。如果考虑符号开方，无论是"益积"还是"减从"，开方的操作程序将会大大简化，这正是"增乘开方"的优越性所在。读者可以对比下面刘益"减从"与"益积"开方法，乃至和《九章算术》开方法的关系。

$-5x^2+228x=2592$（$x=24$），$-3x^2+228x=4320$（$x=36$），$-8x^2+312x=864$（$x=36$），$7x^2=9072$（$x=36$），$-5x^4+52x^3+128x^2=4096$（$x=4$）。刘益所给这些题目的首相系数都不为1，而且可以是负数，最高次数也达到了4次，这是一个巨大的进步，但是刘益只给出了方程的

一个正整数根。开方法并无本质区别，计算时用来定位和估初商的"借算"是"1"，现在乘首项系数即可，其他步骤相同。从题目的结果来看，刘益的题目似乎是构造出来的。

　　总之，刘益的题目不仅开方的系数突破了只能是正数的限制，首项系数也可以不是"1"，开方次数也出现了 4 次方的例子，但是超过 3 次的情况也仅此一例。刘益处理了此类型的二次方程和一个 4 次方程，但是他利用的是"益积术"和"减从术"，并没有使用"增乘开方法"，这项工作是由宋朝的数学家秦九韶完成的。

二、秦九韶对增乘开方法的发展：正负开方

1. 秦九韶与《数书九章》

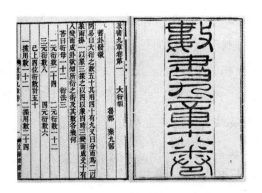

图4-5 《数书九章》书影

　　秦九韶，字道古，自称鲁郡（治今山东省曲阜市）人，中国古代数学家。他于南宋嘉定元年（1208）生于普州安岳（今四川省安岳县），景定二年（1261）秋七月，秦九韶知梅州（今广东省梅州市）军州事，

约咸淳四年(1268)春三月卒于梅州。秦九韶的父亲秦季槱,进士出身,官至工部郎中、秘书少监。秦九韶聪敏勤学,于绍定五年(1232)考中进士,先后在湖北、安徽、江苏、浙江等地担任县尉、通判、参议官、州守、寺丞等职。他在政务之余,对数学进行潜心钻研,并广泛搜集历学、数学、星象、音律、营造等资料,进行分析和研究。淳祐四至七年(1244—1247),他在为母亲守孝时,把长期积累的数学知识和研究成果加以编辑,写成了闻名的巨著《数书九章》,并创造了"大衍求一术",被称为"中国剩余定理",直到近代,数学大师欧拉、高斯才达到或超过其水平。他所论的"正负开方术",把以"增乘开方法"为主体的高次方程数值解法发展到十分完备的程度,他的方程有的高达 10 次,而且方程系数在有理数范围内没有限制。而欧洲在 19 世纪才创造出这种方法,称为"霍纳法",但比秦九韶晚了 500 年。秦九韶关于求解任何高次方程正根的"正负开方术",后来被称之为"秦九韶程序",是当今计算数学中求代数方程数值解的一种被广泛使用而且极其简便的方法。秦九韶的成就还有求解三角形面积的"秦九韶公式",该公式等同于海伦公式(参见本章小知识:"三斜求积"与"海伦公式")。而"秦九韶多项式算法",则是计算快、占内存少的好算法,现在也被人称为"秦九韶算法"。

数学名著《数书九章》,全书九章十八卷,九章九类:"大衍类""天时类""田域类""测望类""赋役类""钱谷类""营建类""军旅类""市物类",每类 9 题共计 81 题,该书内容丰富至极,上至天文、星象、历律、测候,下至河道、水利、建筑、运输,各种几何图形面积和体积,钱谷、赋役、市场、牙厘的计算和互易。

1973 年,美国出版了一部数学史专著《十三世纪的中国数学》,

其作者力勃雷希在评价秦九韶的贡献时，重申美国科学史家萨顿在其《科学史引论》的观点。他认为："萨顿称秦九韶为'他那个民族、他那个时代，并且确实也是所有时代最伟大的数学家之一'，是毫不夸张的。"

2. 历史对秦九韶的误解

对于秦九韶的人品，历来褒贬不一。同代人刘克庄说他"暴如虎狼，毒如蛇蝎"，稍后周密的记载也是负面的。清代学者焦循等为秦九韶辩诬，认为他是"瑰奇有用之才"。此后，钱宝琮先生则说秦九韶"为人阴险，为官贪暴"。20世纪下半叶这种观点在学术界一直占据主导地位。英国BBC制作的《数学的故事》第二集《东方奇才》中提到秦九韶，也说他是恶棍，腐败且心狠，以至于给对手下毒，致对手死亡。

但这并非实情，郭书春先生经过研究，认为秦九韶是被同僚贾似道诬陷抹黑的。贾似道把持下的南宋政权腐朽，政治空前黑暗，大批有才有识、主张抗战的忠良之士遭到弹劾诬陷，冤狱遍布全国。此时朝廷中出现的弹劾官员的奏状大多颠倒黑白。其中攻击和诬陷秦九韶的刘克庄和周密与贾似道也是一丘之貉，周密为贾似道的门生，而刘克庄晚年投靠贾似道，助纣为虐，陷害忠良，文史学界也认为这是刘克庄的"污点"。

秦九韶将数学的作用概括为"通神明，顺性命"和"经世务，类万物"大、小两个方面。然而，他通过自己的数学研究坦承对其"大者""肤末于见"，而专注于"小者"。这反映了他具有实事求是、不慕虚荣的科学精神。

秦九韶非常关心国计民生，把数学作为解决生产、生活中实际问题的有力工具，他的数学方法多用于解决国计民生各方面的应用问题，充分表现了他对国家、民众有强烈的责任心。

更重要的是，秦九韶强烈反对政府的横征暴敛，豪强的强取豪夺，大商贾的囤积居奇，主张施仁政的思想贯穿于整个《数书九章》之中。他的九段"系"文有四次明确谈到"仁"或"施仁政"："苍姬井之，仁政攸在"；"惟仁隐民，犹己溺饥"；"彼昧弗察，惨急烦刑。去理益远，吁嗟不仁"；"师中之吉，惟智仁勇"。

综上三条理由，郭书春先生认为，秦九韶不仅是一位杰出数学家，而且是一位关心国计民生，主张施仁政的正直官吏，是一位支持并积极参加抗金、抗蒙战争的爱国者。[1]

3. 正负开方

秦九韶提出"正负开方术"，把以"增乘开方法"为主体的高次方程数值解法发展到十分完备的程度。秦九韶规定"实常为负"相当于方程中常数项与未知数系数放在一端，这样正负相消。可以把"增乘开方"的边乘边加进行到底，因为原来的开方包括贾宪的"增乘开方"，最后一步无论是《九章算术》开方的"除实"还是刘徽开方的"减实"，都改为了"加实"，此时实为负，与原来"减实"效果一样。这样整个开方程序可"乘加"一贯到底，这是秦九韶的贡献。开方中的其他系数不再有任何限制，可正可负，也可以是整数，也可

[1]　郭书春主编.《中国科学技术史·数学卷》.北京：科学出版社，2010：361-362.

以是小数。[1]

他研究的方程高达 10 次，方程系数在有理数范围内没有限制。他规定"实常为负"，即求方程 $a_0 x^n + a_1 x^{n-1} + a_2 x^{n-2} + \cdots + a_{n-1} x + a_n = 0$，$a_0 \neq 0$，$a_0 < 0$ 的一个正根。这和传统方法的要求相同。显然，他在贾宪和刘益的基础上系统地总结并创新了这一成就。

在全书的八十一题中，有二十一题涉及二次方程二十个，三次方程一个，四次方程四个，十次方程一个。他针对开方中遇到的方程的特点以及开方过程中细节的不同，提出了"开玲珑方""投胎"和"换骨"开方等名词。

他的"正负开方术"的完整表述在《数书九章·田域类》"尖田求积"问之中。即已知两尖田合成的一段田地，大斜 39 步，小斜 25 步，中广 30 步，求其面积。

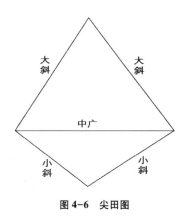

图 4-6　尖田图

［1］ 李冶、朱世杰的方程均由"天元术"得到，其未知数系数和常数项都可正可负，没有"实常为负"的规定，这是一个很大的进步。李冶运用"增乘开方法"时，也考虑了常数项变号和绝对值增大的情况。对于最高次项系数的绝对值不为"1"的情况，当方程的正根是有理小数时，李冶和朱世杰发展了秦九韶的"连枝术"为"之分术"。

此题归结为开"玲珑三乘方",即方程 $-x^4 + 763200x^2 - 40642560000 = 0$ 是无奇次项的"开四次方"问题[1],并解得一个正根 $x = 840$。其实秦九韶在本题目所用的"换骨"或"翻法开方"方法,与前面刘益提到的"益隅"问题相同,对比现在的综合除法解法如下。

(1)列出开方式,开玲珑三乘方。

											商
-4	0	6	4	2	5	6	0	0	0	0	实
										0	方
						7	6	3	2	0 0	上廉
										0	下廉
										-1	益隅

(2)上廉超一位,益隅超三位,商数进一位。上廉再超一位,益隅再超三位,商数再进一位,上商八百为定。

								8	0	0	商
-4	0	6	4	2	5	6	0	0	0	0	实
								0			方
	7	6	3	2	0	0					上廉
			0								下廉
		-1									益隅

(3)以商生隅,入益下廉,以商生下廉消从上廉,以商生上廉,入方,以商生方,得正积,乃与实相消。以负实消正积,其积乃有

---

[1] 如果令 $x^2 = y$,此题可以转化为一元二次方程,带从开平方得数再开平方亦可。

余，为正实，谓之"换骨"。

							8	0	0	商
3	8	2	0	5	4	4	0	0	0	0	实
	9	8	5	6	0	0	0				方
		1	2	3	2	0	0				上廉
			-8	0	0						下廉
				-1							益隅

					800
-1	0	763200	0	-40642560000	
	-800	-640000	98560000	78848000000	
-1	-800	123200	98560000	38205440000	
			综合除法		

（4）一变，以商生隅，入下廉。以商生下廉，入上廉内，相消。以正负上廉相消。以商生上廉，入方内，相消。以正负方相消。

							8	0	0	商
3	8	2	0	5	4	4	0	0	0	0	实
-8	2	6	8	8	0	0	0	0	0		方
-1	1	5	6	8	0	0					上廉
	-1	6	0	0							下廉
	-1										益隅

			800
-1	-800	123200	98560000
	-800	-1280000	-925440000
-1	-1600	-1156800	-826880000
		综合除法	

（5）二变：以商生隅，入下廉；以商生下廉，入上廉。

							8	0	0	商
3	8	2	0	5	4	4	0	0	0	0	实
-8	2	6	8	8	0	0	0	0	0		方
-3	0	7	6	8	0	0					上廉
	-2	4	0	0							下廉
	-1										益隅

		800
-1	-1600	-1156800
	-800	-1920000
-1	-2400	-3076800
	综合除法	

（6）三变：以商生隅，入下廉。

							8	0	0	商
3	8	2	0	5	4	4	0	0	0	0	实
-8	2	6	8	8	0	0	0	0	0		方
-3	0	7	6	8	0	0					上廉
	-3	2	0	0							下廉
	-1										益隅

	800
-1	-2400
	-800
-1	-3200
综合除法	

（7）四变：方一退，上廉二退，下廉三退，隅四退；商续置。

							8	0	0		商
3	8	2	0	5	4	4	0	0	0	0	实
	-8	2	6	8	8	0	0	0	0	0	方
		-3	0	7	6	8	0	0			上廉
				-3	2	0	0				下廉
					-1						益隅

(8)以方约实，续商置四十，生隅入下廉内。以商生下廉，入上廉内。以商生上廉，入方内。以续商四十命方法，除实，适尽。所得商数八百四十步为田积。

							8	4	0	商
3	8	2	0	5	4	4	0	0	0	0
	-9	5	5	1	3	6	0	0	0	方
		-3	0	0	6	4	0	0		上廉
				-3	2	4	0			下廉
					-1					益隅

$$
\begin{array}{rrrrr r}
 & & & & & 40 \\
-1 & -3200 & -3076800 & -826880000 & 38205440000 & \\
 & -40 & -129600 & -128256000 & -38205440000 & \\
\hline
-1 & -3240 & -3206400 & -955136000 & 0 &
\end{array}
$$
综合除法

由此看出，秦九韶对开高次方已是驾轻就熟。书中还有一个"遥度圆城"的题目，此题归结为解方程 $x^{10}+18x^8+72x^6-864x^4-11664x^2-34992=0$ 的问题。

4. 秦九韶对方程的分类以及对增乘开方的进一步发展

秦九韶针对开方过程的一些变化，对开方做了分类。从形式看有"玲珑开方""连枝开方"，从开方中的常数项是否有变化，分为"投胎"开方(也称"益积")和"换骨"开方(也称"翻法")。

具体来说，若某方程的奇数幂系数都是零的时候，秦九韶称为"开玲珑某乘方"，$x^{10}+15x^8+72x^6-864x^4-11664x^2-34992=0$ 是"开玲珑九乘方"。

当满足下列条件且根为有理正分数时，$a_0x^n+a_1x^{n-1}+a_2x^{n-2}+\cdots+a_{n-1}x+a_n=0$ $a_0\neq 0$，$a_n<0$ 中｜a_0｜$\neq 1$ 时，称为"开连枝某乘方"[1]，如"竹器验雪"题 $400x^4-2930000=0$ 为"开连枝三乘方"（参见知识链接2：之分术）。开方过程中减根后的方程 $a_0x^n+a_1'x^{n-1}+a_2'x^{n-2}+\cdots+a_{n-1}'x+a_n'=0$ 的常数项 a_n' 一般越来越大（绝对值越来越小），而接近于零，但有时常数项会由负变正，秦九韶称作"换骨"（也称"翻法"），刚才的"尖田求积"就是这样的例子；有时常数项符号不变，而绝对值增大，叫作"投胎"，如"古池推元"$0.5x^2-152x-11552=0$。

开方得到无理根时，秦九韶发挥了刘徽首创的继续开方（续开法）计算"微数"的思想，用十进小数作无理根的近似值，这在世界数学史上也是最早的。

清朝数学家焦循在《开方通释》中总结了"投胎"和"换骨"方法。

> 秦氏于商两次者，有投胎、换骨二法。投胎即益积，方与实同名相加也。换骨即翻积，方与实异名相消也。大约和在隅，乃有益积，和在方乃有翻积。和在隅，益方大于初商，则益积。初商大于益方，则不益积。和在方，较数小于初商，则翻积。初商小于较数，则不翻积。皆随数目之多寡，而自然得之，非有成法也。

也就是说开方时，根据具体情况来定，是"投胎"（益积）还是

―――――――――

[1] 方程首项系数不为"1"且根为有理小数正根的方程，用此法可以求出此根的分数形式。

"换骨"（翻积），没有事先给定判断方法。

对增乘开方的进一步完善和拓展。我们知道秦九韶发展和完备了贾宪的"增乘开方法"。之后，金元时期的李冶和元朝的朱世杰继续完善了这一算法，方程 $a_0x^n+a_1x^{n-1}+a_2x^{n-2}+\cdots+a_{n-1}x+a_n=0$，$a_0\neq0$ 的系数以及常数项都可正可负，即已不再有"实常为负"的规定，这是一个很大的进步。如在李冶《测圆海镜》中，就有如下题目：$-x^2-72x+23040=0$。

之后，该算法在明朝失传。清中叶之后，人们重新发现了增乘开方法，李锐和焦循对增乘开方法进行概括和总结。因为在开方法上没有实质变化，相关内容将在第六章《开方算法与高次方程根的讨论》中继续讨论。清朝，几乎所有著名的数学家都投入了对秦九韶等开方术的研究，并在方程的分类、根的讨论以及根与系数的关系等方程论的内容方面得到了很多结果。清朝数学家华蘅芳创立了基于"开方诸表"的开方法，他误以为就是秦九韶的开方法。尽管他的方法不如增乘开方简单，却也不失为一种创见。

5. 华蘅芳的"增乘开方"

华蘅芳（1833—1902），字若汀，中国清末数学家、科学家、翻译家和教育家。江苏金匮（今无锡）人。出生于世宦门第，少年时酷爱数学，遍览当时的各种数学书籍。青年时游学上海，与著名数学家李善兰交往，李氏向他推荐西方的代数学和微积分。咸丰十一年（1861）为曾国藩擢用，和同乡好友徐寿（字雪村）一同到安庆的军械所，绘制机械图并造出中国最早的轮船"黄鹄"号。他还提出了二十多种勾股定理证法。他被后人称为"一代学者""一生卓越"。

华蘅芳先后在江南制造总局和天津机器局担任提调，光绪二年

（1876）在上海格致书院担任教习。他在晚年转向教育界，从事著述和教学。他对数、理、化、工、医、地以及音乐等学科有广博的学识，并注重科学研究。他编写了深入浅出的数学讲义和读本，以专著《学算笔谈》进行数学评论，对于培养人才和普及科学做出了殊多贡献，成为有声望的一代学者。光绪十三年（1887），他曾在天津武备学堂中任教习，光绪十八年（1892）在湖北武昌任教于两湖书院。他的学生江蘅、杨兆鋆等，及其胞弟华世芳（1854—1905）受到他的影响，都成为数学家。华蘅芳在治学方面历来反对算家喜"炫其所长而匿其所短"、只讲算法而"秘匿"算理的风气；他注重数学教育，在数学评论中阐明了他的数学教学思想，像"观书者不可反为书所役"等精辟见解，表明他的方法论中已具有辩证的内容；华蘅芳的哲学观点散见于他的著述之中，兼有唯心、唯物的成分，尚未形成思想体系。华蘅芳官至四品，但非从政。他不慕荣利，穷约终身，坚持了科学、教育的道路，与李善兰、徐寿齐名，同为中国近代科学事业的先行者。

这里我们只介绍他在《开方古义》中的开方工作，华蘅芳创立了基于"开方诸表"的开方法，他误以为就是秦九韶的"增乘开方法"。程之骥则在华蘅芳开方法的基础上进行了简化，所做工作包含在其所著《开方用表简术》一书中。该书共有60页，开篇明义，该书是对华蘅芳《开方古义》中开方算法的简化。从程之骥的《开方用表简术》来看，确实比华蘅芳的方法简单了一些，但是整个开方过程仍然相当烦琐。而且他和华蘅芳的方法内在本质上与增乘开方法一致，并符合中算喜欢用"表"来开方的习惯，从这个意义上来说，很像增乘开方和立成释锁的组合。

以华蘅芳解四次方程为例。因为所选程之骥解四次方程的例子不止一个正根，他的例题将在第七章《基于开方术的高次方程多个根的解

法》中介绍。华蘅芳处理了朱世杰的《四元玉鉴》中"直段求源"的题目，相当于求解四次方程 $5x^4-3x^3-12x^2-9x-503334=0$，并解得 $x=18$。

> 今有积减平，以积乘之，又减五平四积，余二十七万
>
> 九千六百三十步，只云长取五分之一，平取三分之二，其
>
> 长分子数如平分子数二分之一。
>
> 问：长、平几何？
>
> 答曰：平一十八步，长三十步。

华蘅芳指出此题可用"正隅"5 步、"负实"（-503334）得一个正根。下面将华蘅芳解法的筹码改为阿拉伯数字演示如下：

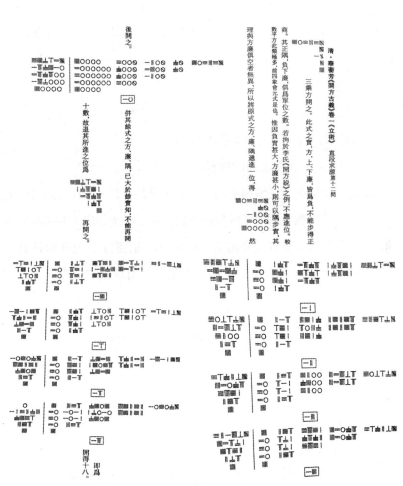

图4-8　华蘅芳四次方程的筹式解法（图片来源于《中华大典·数学典》"开方总部"）

显然，华蘅芳开方最初的两步与秦九韶或者朱世杰所用方法相同，即先列式，再步算如下。

						商
-5	0	3	3	3	4	实
				-9	0	方
		-1	2	0	0	上廉
		-3	0	0	0	下廉
	5	0	0	0	0	隅

以隔步实

						商
-5	0	3	3	3	4	实
				-9		方
		-1	2			上廉
				-3		下廉
	5					隅

题目

然后，按照秦九韶的增乘开方法只需如下四步即可，是个非常简单的操作。

(1)列式步算：估初商10、减实；

(2)退位：方一、上廉二、下廉三、下退四；

(3)缩根：增乘方法准备系数1，4，6，4；

(4)再估商：重复前面的过程。

但是，从明朝直到清朝中期，该方法已经失传。华蘅芳通过研究朱世杰的书籍，独立得到了解题的方法，并误以为是宋元时期的增乘开方法。接下来华蘅芳先开出第一位商10，这里除了布列和计算方式略有不同外，与秦九韶的增乘开方无异。用现代综合除法开方列表如下：

				10
5	−3	−12	−9	−503334
	50	470	4580	45710
5	47	458	4571	**−457624**
				10
5	47	458	4571	
	50	970	14280	
5	97	1428	**18851**	
			10	
5	97	1428		
	50	1470		
5	147	**2898**		
		10		
5	147			
	50			
5	**197**			
				8
5	**197**	**2898**	**18851**	**−457624**
	40	1896	38352	457624
5	237	4794	57203	0

若用筹算增乘开方求解，其综合除法表示如下：

				1
50000	−3000	−1200	−90	−503334
	50000	47000	45800	45710
50000	47000	45800	45710	**−457624**

			1	
50000	47000	45800	45710	
	50000	97000	142800	
50000	97000	142800	**188510**	

		1		
50000	97000	142800		
	50000	147000		
50000	147000	**289800**		

	1			
50000	147000			
	50000			
50000	**197000**			

				8
5	197	2898	18851	−457624
	40	1896	38352	457624
5	237	4794	57203	0

　　这里二者稍有不同，即"增乘开方法"用筹算，计数为"位值制"，所以商入算时，不管它是初商，还是次商，都按照"个位"数计算，通过"隔算"协同各"廉""方"的"进位"和"退位"完成计算，这是由筹算开方自身的特点确定的。

　　华蘅芳的开方略有不同。他将蕴含在增乘算法里面的"减根"，即完整的综合除法算法和"求系数"准备续商的阶梯形综合除法中的运算"表"单列出来，而且包含了"减实"和"求系数"运算。

1	1	1	1	1
4	3	2	1	
6	3	1		
4	1			

华蘅芳开方法的阿拉伯数字表示如下：

实	−457624	50000	−3000	−1200	−90	−503334
方	188510	200000	−9000	−2400	−90	
上廉	289800	300000	−9000	−1200		
下廉	197000	200000	−3000			
隅	50000	500000				
余式						

1	1	1	1	1
4	3	2	1	
6	3	1		
4	1			
1				

因为方、廉、隅的和"725310"已大于实"−457624"的绝对值，所以初商为10，方、廉、隅依次退位，备开个位数。又因为方、廉、隅的和不超过实，继续开之，一直到余式的第一行为0，计8次，开尽。累计个位商为8，并十位10，可得该方程的一个正根为18。

实	−435673	5	197	2898	18851	−457624
方	25258	20	591	5796	18851	
上廉	3519	30	591	2898		
下廉	217	20	197			
隅	5	5				
余式		得根11				

1	1	1	1	1
4	3	2	1	
6	3	1		
4	1			
1				

实	−406674	5	217	3519	25258	−435673
方	32967	20	651	7038	25258	
上廉	4200	30	651	3519		
下廉	237	20	217			
隅	5	5				
余式		得根12				

1	1	1	1	1
4	3	2	1	
6	3	1		
4	1			
1				

实	**−369265**	5	237	4200	32967	−406674
方	**42098**	20	711	8400	32967	
上廉	**4941**	30	711	4200		
下廉	**257**	20	237			
隔	**5**	5				
	余式			得根 13		

1	1	1	1	1
4	3	2	1	
6	3	1		
4	1			
1				

······ ······ ······ ······ ······

实	**0**	5	337	8505	95242	−104089
方	**113283**	20	1011	17010	95242	
上廉	**9546**	30	1011	8505		
下廉	**357**	20	337			
隔	**5**	5				
	余式			得根 18		

1	1	1	1
4	3	2	1
6	3	1	
4	1		
1			

由此可以看出，华蘅芳的开方法本质上与宋元的增乘开方法相同，但是非常烦琐。次商 8 本来可以一步算出，他需要 8 步，而且原来增乘开方优美简洁的程序也被破坏了。同时代的数学家程之骥注意到了这个问题。他说道：

谨按：行素轩《开方古义》二卷解释《今古开方会要之图》，畅明厥恉且示图中各数为递开一数而设，因之化图立表为开正商递加一之用。复将表数变作正负相间为开负商递加一之用。又推增表中倍数，为开正负各商递加二之用，共成四表。证以算草佐以论说固已理，详法备矣。惟是原术用表，必逐次递求余式，始开得元之一位商数，其在平方、立方本自便矣。倘在多乘方式而元数又有多位布算，仍觉甚繁。爰从原表推得表若干，通并原表计之遂成九个正商分表，九个负商分表，再将各表首层之数，依次垒为一个正商总表，一个负商总表，无论开何乘方，必先于总表得初商，继于分表求余式，复于总表求次商，循是以推，凡多求一次余式，即多得一位商数，拟名《开方用表简术》，盖似较原术可略从简省云。[1]

但是，程之骥的方法只是较华蘅芳的方法简单了一些，远没有宋元增乘开方法简便。程之骥的改进方法将在第七章中予以介绍。

5. 列方程问题

至此，我们发现解 $a_0x^n+a_1x^{n-1}+a_2x^{n-2}+\cdots+a_{n-1}x+a_n=0(a_0\neq0)$ 方程时，正负开方术十分有效。秦九韶之后，宋元时期特别是一些数学大家如李冶、朱世杰等遇到此类问题，都使用正负开方术(增乘开方算法)求出答案。增乘开方法如此优越，在与"立成释锁"经过一段并存时期后，增乘开方法占据了主导地位，"立成释锁"逐渐淡出。那么，解方程已变得非常简单，列方程也这么简单吗？事实不然，现在我们使用代数列方程，只要找到实际问题的等量关系就可以轻松地列出方程，这是因为符号系统可以起到减轻思维负担和加速思维进程的作用。但是我国古代没有符号系统，充其量是半符号式的代数，列方程是一个困难的问题，这里我们又不得不佩服古人的智慧了。

中算家很早就掌握了一些根据实际问题中的已知条件建立方程的方法，并称之为"造术"。在"天元术"出现之前，"造术"是需要一定技巧的。主要是因为古代采用文字叙述的方式表达代数关系，因此，"造术"绝非轻而易举的事情。古代开方术发展成解一般数值方

---

[1] 程之骥. 开方用表简术[M]. 清光绪十四年(1888)南菁书院刻本.

程的"正负开方"法是算法先行。数学实践就相应地对列方程提出新的要求。设未知数列方程，今天对具备初等数学知识的人来说是轻车熟路，然而在"天元术"产生以前却异常艰难。唐初大数学家王孝通为了列某些三次方程，只好借助于文字，他的思维过程和叙述形式非常复杂，从第三章《开方术的发展(一)》的介绍中，我们不难发现这一点。随着高次方程次数的增加，高次方程的"造法"也越来越难，创造一种简捷的列方程的方法已成为当时的迫切需要。

列高次方程和高次方程组的"天元术"和"四元术"应运而生。随着求高次方程正根的增乘开方法的日臻完备，列方程的方法即天元术也逐步发展起来。金元时期的北方，有许多天元术著作，可惜它们大都和贾宪的《黄帝九章算经细草》、刘益的《议古根源》一样亡佚了。现存的只有李冶的《测圆海镜》《益古演段》和朱世杰的《算学启蒙》《四元玉鉴》等著作。用天元术列方程的方法是先"立天元一为某某"，就是现在的设未知数 x，然后依据问题的条件列出两个相等的天元式(就是含这个天元的多项式)，把这两个天元式相减，就得到一个天元式，即高次方程式，最后可以用增乘开方法求这个方程的正根。显然，天元术和现今代数方程的列法相同，而在欧洲，到了 16 世纪才开始做到这一点。

我国早在两汉时期就能解多元线性方程组了，《九章算术》中称作"方程术"。把天元术的原理应用于联立方程组，先后产生了"二元术""三元术""四元术"。这是 13 世纪中到 14 世纪初我国数学家的又一辉煌成就。现有传本朱世杰[1]的《四元玉鉴》就是一部杰出的四元术著作。所谓四元术，就是用天、地、人、物四元表示四元高次方程组。四元术用四元消法解题，把四元四式消去一元变成三元三式，再消去一元变成二元二式，再消去一元，就得到一个只含一元的天元开方式，然后用增乘开方法求出一个正根。这和今天解方程组的消元方法基本一致。在欧洲，直到18世纪法国数学家贝佐才系统叙述了高次方程组消元法问题。

可惜的是，入明以后四百多年间，"增乘开方法"和宋元许多重大数学成就一样，无人通晓，几乎成为绝学。既简单又操作方便的增乘开方法的失传是一个谜题。明朝和清朝初期，中国又重操立成释锁开方算法，加上独特的计算工具算盘，珠算开方作为世界上一种独特的形式也随之出现了。

小知识◎增乘开方与立成释锁

西方和印度的二项式定理起源于排列和组合，n 个事物中取出 r 个的取法有 C_n^r 种。中算开方术与之有何关系，为何立成释锁中也有同样的系数呢？尽管二者处理的对象不同，思想方法迥异，本质却相同。

----

[1]　清代数学家罗士琳认为："汉卿在宋元间，与秦道古（即秦九韶）、李仁卿可称鼎足而三。道古正负开方，汉卿天元如积皆足上下千古，汉卿又兼包众有，充类尽量，神而明之，尤超越乎秦、李之上。"清代数学家王鉴也说："朱松庭先生兼秦、李之所长，成一家之著作。"朱世杰全面继承并创造性地发扬了天元术、正负开方法等秦、李书中所载的数学成就，除此之外，还囊括了杨辉书中的日用、商用、归除歌诀之类与当时社会生活密切相关的各种算法。他的成就为中国古代数学的光辉史册，增加了新的篇章，形成了宋代中国数学发展的最高峰。

$$A=(a+b)^n=(a+b)(a+b)\cdots(a+b)$$

结果中含有 $a^{n-r}b^r$ 项的数量就是 n 个 a 中取出 r 个的取法有 C_n^r 种，立成释锁就是利用 C_n^r 这些系数开方的。这些系数如何得到呢？中国古代用增乘方法得到，是谁又是如何想到这种方法的，我们不得而知。但是这种边乘边加的方式确实可以得到贾宪三角。把增乘方法、多项式的秦九韶算法和中国传统的开方程序有机结合，之后增乘开方法就诞生了。

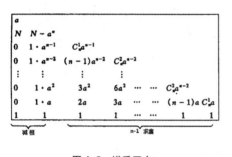

图 4-9　增乘开方

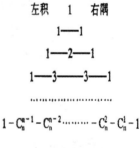

图 4-10　贾宪三角

◎之分术

　　由韦达定理，我们容易知道首项系数是"1"的整系数方程的有理根必为整数。而当方程的系数不为"1"时，方程两边用这个系数约分，就可以使方程变成首项系数为"1"的方程，但此时就不能保证约分后的方程为整系数方程，这样方程有整数根就不能得到保证，即此时方程的一个正根有可能是无理数或者是一个小数(或分数)。我们知道中国传统数学只处理方程的一个正根，正根分为三类：整数、小数（或分数）和无理数。方程有非整数根时，中国古代数学家称之为"开根带奇零"，方法有三种即"命分法"、"续开法"（即前面讲过的《九章算术》里，刘徽的"求微数"方法)和"之分术"。其中，方程有无理根时有两种方法，"命分法"得到无理根近似值的分数形式，"续开法"得到无理根近似值的小数形式。方程有有理根时也有两种方法，"续开法"得到"小数"形式的近似值，"之分术"可以得到"分数形式"的准确值。

之分术，也叫连枝术、同体连枝术或连枝同体术，是可以得到方程有理根分数准确值的方法。"之分术"出现在宋元时期，经元代数学家朱世杰改进成为一般方法，被称为"和分索隐"。

秦九韶的连枝术的例子。将 $121x^2 - 43264 = 0$ 化为 $(11x)^2 - 5234944 = 0$，得 $x = 18\frac{10}{11}$。

元代数学家李冶的之分术的例子。对于 $-22.5x^2 - 648x + 23002 = 0$，令 $x = \frac{y}{225}$ 得 $-y^2 - 648y + 517545 = 0$，先解得 y，再得 $x = 20\frac{2}{3}$。

之分术是对方程进行某种变换，将其化成可以开方的情形。朱世杰的"之分术"是秦九韶的连枝术的推广，与李冶的方法略有不同。李冶一开始就做变换，朱世杰在求出根的整数部分之后才做变换。[1]

◎综合除法与增乘开方法

　　综合除法与增乘开方法的部分操作方式相同。中国古代算学中"实"是"被除数"，或是分数的"分子"；"法"是"除数"，或是分数的"分母"；"实如法而一"，也就是用"法"去除"实"，进行除法运算。中国古代数学指出开方是一种特殊的除法，即有"实"无"法"的除法，增乘开方中的"法"需要根据所开方的次数有专门的"术"来确定。所以增乘开方和除法在算法上相关并不奇怪。另外，现在高等代数里面的综合除法中，形如 $\dfrac{Q(x)}{x-a}$ 的除法与开方中对 $Q(x)=0$ 用初商（根的第一位数 a）对方程进行减根一致。

　　我们进行不定积分计算时，常用到这样一个思维顺序口诀：

　　　　牢记积分公式表，凑微分要先想到，

　　　　凑不出来莫急躁，分清类型好下药，

　　　　两函相乘分部好，含有根号去根号，

　　　　有理函数解决了，万能钥匙把得牢，

　　　　何惧无理与三角，走投无路就颠倒。

---

[1]　李兆华. 四元玉鉴校正. 北京：科学出版社，2007：23-27.

这里所谓"有理函数解决了"是指 $\int \dfrac{P(x)}{Q(x)} dx$ 中被积函

数为有理函数 $\dfrac{P(x)}{Q(x)}$ 时的积分问题，理论上已经解决，当不

存在问题。即如果此有理函数为有理真分式，根据部分分式
定理，该积分可分解为四种容易积出来的积分形式；如果是
有理假分式，则可以利用综合除法把它划归为一个多项式与
一个有理真分式的和的形式。另外，微积分的一个主要内容
是函数逼近，总想用一个简单的多项式函数去近似或者逼近
一个函数，此时会用到泰勒公式或麦克劳林公式，这里有个
特例就是把一个多项式展开成泰勒多项式。这种情况首先可
以用泰勒级数在点 a 处的展开公式来处理 $Q_m(x) = Q_m(a) +$

$Q'_m(a)(x-a) + \dfrac{Q_m{}''(a)}{2!}(x-a)^2 + \cdots + \dfrac{Q_m{}^{(m)}(a)}{m!}(x-a)^m$，当然

用综合除法也可以处理。下面就通过一个具体的例子来说明
综合除法在部分分式定理和泰勒多项式展开中的应用。

把有理函数 $\dfrac{x^3+x^2+x+1}{x-1}$ 写成一个整式多项式与一个有理

真分式的和，把多项式 x^3+x^2+x+1 写成 $a=1$ 处的泰勒多项

式。

综合除法解法如下。其中第一行为多项式的系数，最后
一位为 $a=1$。用 1 乘以第一行的第一个数，加到第二个数上
得 2；用 1 乘以 2，加到第三个数上得 3；用 1 乘以 3，加到
第四个数上得 4，并用符号"○"圈记此数。下面各行的计
算仿此。从右上到左下，依升幂排列写出泰勒多项式，即
可。

$$
\begin{array}{ccccc}
1 & 1 & 1 & 1 & | & 1 \\
  & 1 & 2 & 3 \\
\hline
1 & 2 & 3 & | & ④ \\
  & 1 & 3 \\
\hline
1 & 3 & ⑥ \\
  & 1 \\
\hline
① & | & ④
\end{array}
$$

$$\frac{x^3+x^2+x+1}{x-1}=(x^2+2x+3)+\frac{4}{x-1}$$

$$x^3+x^2+x+1=4+6\times(x-1)+4\times(x-1)^2+1\times(x-1)^3$$

◎ "三斜求积"与"海伦公式"

中国发达的开方算法，也为中国数学在解决某些数学问题上带来便利条件。比如秦九韶于淳祐七年（1247）在其"三斜求积术"中就给出了等价于"海伦公式"的求解三角形的面积公式。

海伦公式又被称为希伦公式、海龙公式、希罗公式、海伦—秦九韶公式。它是利用三角形的三条边的边长直接求三角形面积的公式。相传这个公式最早是由古希腊数学家阿基米德得出的，而因为这个公式最早出现在海伦的著作《测地术》中，并在海伦的著作《测量仪器》和《度量数》中给出证明，所以被称为海伦公式。中国秦九韶也得出了类似的公式，称"三斜求积术"。

尽管中国的三角形面积公式晚于海伦公式，又没有海伦公式形式漂亮和便于记忆，但是它孕育自中国传统数学，具有浓郁的中国算学特色。"三斜求积术"填补了中国数学史中的一个空白，从中可以看出中国古代已经具有很高的数学水平。

海伦公式：如果三角形的三条边分别为 a，b，c，且 $s=\frac{1}{2}(a+b+c)$，则三角形的面积为：$A=\sqrt{s(s-a)(s-b)(s-c)}$

三斜求积术：$A=\sqrt{\frac{1}{4}\left[c^2a^2-\left(\dfrac{c^2+a^2-b^2}{2}\right)^2\right]}$

二者等价的证明：$A=\sqrt{\dfrac{1}{4}\left[c^2a^2-\left(\dfrac{c^2+a^2-b^2}{2}\right)^2\right]}$

$$=\sqrt{\frac{1}{16}\left[(c+a)^2-b^2\right]\left[b^2-(c-a)^2\right]}$$

$$=\sqrt{\frac{1}{16}\left[(c+a+b)(c+a-b)(b+c-a)(b-c+a)\right]}$$

$$=\sqrt{\frac{1}{8}\left[s(c+a+b-2b)(b+c+a-2a)(b+a+c-2c)\right]}$$

$$=\sqrt{s\left[(s-a)(s-b)(s-c)\right]}$$

第五章 珠算开方：具有中国特色的开方算法

元代仍以筹算为主。进入明代后逐渐以珠算为主，最迟在明正德、嘉靖年间珠算完全取代了筹算。清初数学家已经完全不懂筹算了。由于开方术比较复杂，在珠算用于加减乘除法之后，才用于开方。王文素的《算学宝鉴》中的筹算开方已基本具有了珠算开方的雏形，牛腾博士称之为筹算开方新法。用算盘进行开方运算很有中国特色。另外，随着

"增乘开方法"的失传，珠算开方在中国的算学史上也是很有特色的。为了普及珠算，清朝出现了一些珠算教科书。

珠算开方的起源和发展主线是传统筹算开方—筹算开方新法—珠算商除开方法—珠算归除开方法。元末明初时期乘法的普及、珠算四则运算的成熟等因素又促使混合开方法的产生，即便在珠算开方法已经形成的时代，混合开方法仍有其存在的价值。下面我们主要选取明朝的王文素、朱载堉、程大位和清朝的李长茂四位数学家的相关开方研究工作予以介绍。

一、算盘与珠算

珠算是指以算盘为工具进行数字计算的一种方法。"珠算"一词最早见于汉代徐岳撰的《数术记遗》:"珠算,控带四时,经纬三才。"北周甄鸾解释说:把木板刻为三部分,上下两部分是停游珠用的,中间一部分是作定位用的。每位各有五颗珠,上面一颗珠与下面四颗珠用颜色来区别。上面一珠当五,下面四颗,每珠当一。可见当时珠算与现今通行的珠算有所不同,当然所用算具算盘也不一样。

在北宋画家张择端的《清明上河图》中,可以清晰地看到"赵太丞家"药店柜台上放着一把算盘[1]。南宋刘胜年所绘《茗园赌市图》中也有算盘入画。元代刘因(1249—1293)《静修先生文集》中有题为《算盘》的五言绝句。元代画家王振鹏《乾坤一担图》中有一算盘图。元末陶宗仪《南村辍耕录》卷二十九"井珠喻"条中有"算盘珠"比喻。元曲中也提到算盘,由这些实例可知宋代已应用珠算。

---

[1] 殷长生在其论文《考察清明上河图鉴定中国算盘产生的年代》中从多方面进行了分析、论证,认为图中所画的确实是一架算盘。参见,殷长生. 中国珠算盘简史. 中国科技史料,*Vol*(8):2,1987:30-32.

图5-1 《清明上河图》和《茗园赌市图》中的算盘

　　明代商业经济繁荣，在商业发展需要条件下，珠算术得到普遍推广并逐渐取代了筹算。现存最早载有算盘图的书是明洪武四年（1371）新刻的《魁本对相四言杂字》。现存最早的珠算书是闽建（福建省建瓯市）徐心鲁订正的《盘珠算法》。其中流行最广而且在历史上起作用最大的珠算书，则是明程大位编的《算法统宗》。

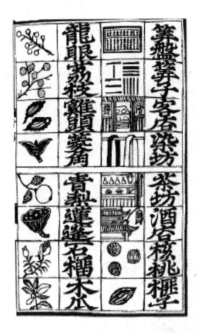 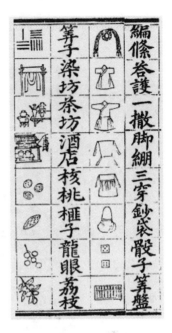

图 5-2 《魁本对相四言杂字》所载"算子""算盘"等图（图片来源于牛腾《元末至明清之际珠算开方法的起源与发展》）

图 5-3 《新编对相四言》所载"算子""算盘"等图（图片来源于牛腾《元末至明清之际珠算开方法的起源与发展》）

图 5-4 现代算盘实物图

算盘入画，自古有之。但无论是北宋名家张择端的《清明上河图》或南宋刘胜年的《茗园赌市图》，还是元初画家王振鹏的《乾坤一担图》，算盘都仅作为画面小小点缀物而已。将算盘作为画幅主体，并出自名家之手的地道算盘图，大抵只有齐白石的《发财图》了。

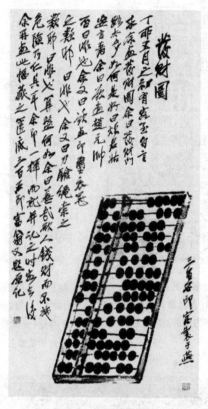

图5-5　齐白石发财图

珠算加减法，在明代称"上法"和"退法"，其口诀由筹算加减口诀演变而来，最早见于吴敬《九章算法比类大全》。乘法所用的"九九"口诀，起源比较早，春秋战国时已在筹算中应用。北宋科学家沈括在其《梦溪笔谈》卷十八中介绍"增成法"时说"唯增成一法稍异，其术都不用乘除，但补亏就盈而已。假如欲九除者增一便是，八除者增二便是，但一位一因之"。"九除者增一"后来变为"九一下加一"，"八除者增二"后来变为"八一下加二"等口诀。可见"增成法"就是"归除法"的前身。杨辉在《乘除通变算宝》中叙述了"九归"，他在当时流传的四句"古括"上添注了新的口诀三十二句，与现今口诀接近。元代朱世杰的《算学启蒙》卷上载有九归口诀三十六句，和现今通行的口诀大致相同。14世纪丁巨撰《算法》八卷，内有"撞归口诀"。总之，大部分的归除口诀在元代已全部完成。[1]有了四则运算口诀，珠算的算法就形成了一个体系而长期沿用了下来。

总之，中国珠算，自明代以来就极为盛行，先后传到日本、朝鲜、东南亚各国，近年在美洲也逐渐流行。由于算盘不但是一种极简便的计算工具，而且具有独特的教育职能，所以到现在仍盛行不衰。比如，现在的珠心算教育就是珠算历久弥新的见证。

---

[1]"起一还原诀"又称"还原法语"，在明朝柯尚迁所著的《数学通轨》中首次出现。

二、珠算开方的产生和发展

　　总的来说，元末至明清之际珠算开方的起源与发展和筹算开方法以及加减乘除四则运算的改革与发展等密切相关。各类珠算开方法的起源与发展历程大致相同，皆由筹算开方法发展而来。筹算开方到珠算开方的多种可能的过渡方式中，改革自传统筹算开方的筹算开方新法是其中占主流的过渡形式。在筹算开方新法的基础上最先产生了珠算商除开方法，利用归除法对珠算商除开方法进行改造发展，成了珠算归除开方法。商除法和归除法迥异的特点造成了珠算商除开方法和珠算归除开方法不同的发展历程。[1]

　　筹算开方新法是传统筹算开方和珠算开方的分水岭，它不但推动了珠算开方的发展，也为区分两种开方法提供了标准。尽管筹算开方新法会影响运算效率，但这种方法使得将开方的各项在算盘上从左至右排列进行，并进行相应的开方运算成为可能。如何区分开方算法是珠算还是筹算呢？主要看开方步算的方式：即上下排为筹算，左右排

───────────────

［1］　牛腾.元末至明清之际珠算开方法的起源与发展.中国科学院大学，2017.

为珠算且珠算无借算和退位变化。据此，明王文素《算学宝鉴》中的开方算法，是"筹算开方新法"，或者说是"前珠算开方法"。而周述学《历宗算会》、顾应祥《测圆海镜分类释术》有"前珠算开方法"，也有珠算"开带从方的方法"。

余楷《一泓算法》最早记载了珠算商除开平方的例题。之后，朱载堉《算学心说》中首创珠算"归除开平方法"，《算法统宗》中有珠算归除开立方法，清李长茂《算海说详》在此基础上新增珠算"商除本位开方法"。王文素最先使用"前珠算开高次方法"，之后是程大位和李长茂的珠算开高次方法。

王文素最早使用"前珠算带从开平方法"，之后是顾应祥和周述学的"珠算带从开平方法"，程大位《算法统宗》中不但有"珠算带从开平方法"，还首载了归除平方歌诀和例题。另外顾应祥和程大位给出了丰富的算例。顾应祥和程大位最先使用珠算带从开立方，并有带从开四次方的例子。

简单地说，珠算商除开方是由传统筹算开方在算盘上蜕变而成，而归除开方则是在算盘上"变商除为归除"的重生。朱载堉是最早使用珠算归除开平方的人。归除开平方还可见诸程大位、王肯堂、李长茂、方中通、梅毂成的著作，但是朱载堉归除开平方法是从"求初商"开始就用九归口诀求商数。程大位、王肯堂、李长茂、方中通、梅毂成等所著算书中的归除开平方法是从次商开始用九归口诀来定商的，初商仍与商除开方法一样根据初商表来确定。

三、明清数学家及其珠算开方举例

1. 王文素的《算学宝鉴》与其"前珠算开高次方法"

王文素,字尚彬,山西汾州(今山西省汾阳市)人,约生于明成化元年(1465),于明朝成化年间(1465—1487)随父王林到河北饶阳经商,并定居在这里。自古晋商多儒商,王文素出生于中小商人家庭,他自幼颖悟,涉猎书史,诸子百家,无所不知。受所处社会及家庭影响,尤长于算法,留心通证,以一生之精力,完成了《新集通证古今算学宝鉴》(简称《算学宝鉴》)这一数学巨著,为后人留下了宝贵的财富。王文素献身数学,不单是认为数学重要,也基于他对数学的热爱,他能"陋室半间寻妙理,灵台一点悟玄机",真乃苦中求乐,乐在其中。"料此一般清意味,世间能有几人知"的心情,颇有"子非鱼,安知鱼之乐"的滋味。由此足可以看出,他在数学的海洋中邀游已到了乐此不疲的境界。

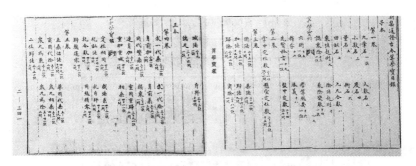

图 5-6 《算学宝鉴》书影（来源于《中国科学技术典籍通汇·数学卷》）

《算学宝鉴》完成于明嘉靖三年（1524）。全书分 12 本 42 卷，近 50 万字。其内容涉及各种乘除捷法、口诀及比例和比例分配、各种算术难题、盈亏算法、面积、体积、勾股测望、开方、高次方程、线性方程组、高阶等差级数求和，以及一次同余方程组、百鸡术等不定问题解法等，中国传统数学的各个方面。全书术、法、草、图详明，是了解明代数学的珍贵史料，许多方法和思想对今天的数学研究和数学教学也有启迪作用。其中 33 卷至 41 卷全部是开方和应用。王文素开方法是利用"贾宪三角"的立成释锁，但是已是更容易发展成珠算开方的"筹算开方新法"（即"前珠算开方法"），下面看一个开平方的例子即求 $x^2 = 16641$，解得 $x = 129$，分别用算筹和算盘表示。[1]

通过其布算发现，将术文中的"上""下"改为"左""右"以后，现存其他算书的筹算开平方新法都无法做到。所以，从实际操作看《算学宝鉴》的筹算开方新法比其他筹算开方新法更容易移植到算盘上操作，更容易改造成珠算商除开方法。

---

[1] 牛腾．元末至明清之际珠算开方法的起源与发展．中国科学院大学，2017：54-55.

表 5-1 王文素开平方筹算、珠算表示

序号	题术	算筹图示	将"草曰"中的"上"、"下"改为"左"、"右"后的算盘图示
1	草曰:置田积一万六千六百四十一步为实,初商一百步为甲,置于积上。另置一百步于积下,名曰方法。	甲 实 方法	
2	令上甲下方相呼,除积一万步,余积六千六百四十一步。倍下位方法得二百步,更名廉法。	甲 商 余积 廉法	
3	次商二十步为乙,并入上甲。另置二十步入下廉,名曰隔法,廉隔共二百二十步。	甲乙 商 余积 廉隔	
4	令上乙二十除积四千四百步。尚余积二千二百四十一步。又添乙二十步入廉法,得二百四十步为两廉。	甲乙 商 余积 两廉	

方田积一万六千六百四十一步,问每面方几何?
答曰:一百二十九步。

开三乘(4次)以上方是《算学宝鉴》中最主要也是最精彩的内容,是解一元高次方程的基础。王文素用歌诀的形式总结出了开三乘以上方的运算法则,举出 5 位数开 4 次方,13 位数开 5 次方,17 位数开 6 次方,15 位数开 7 次方和 12 位数开 8 次方的例题,并写出了运算过程。

这里,王文素还改进了"贾宪三角",变成了"王文素三角",王文素遵循珠算运算口诀化的特点,编好程序逐步运算,即可得到准确结果。王文素开三乘以上方口诀和推广的"贾宪三角"如下:

三乘以上方:欲识三乘以上方,几乘方隔几行商。随隔乘甲呼除实,隔用商乘改作方。甲逆乘廉增一遍,隔廉乘乙顺行当。增乘至尾加方内,命乙除余法最良。

商数法曰:置积,从单一之位约之,假令三乘方,超三位,四乘方超四位,约之。以上仿此,次商并如商除定位。

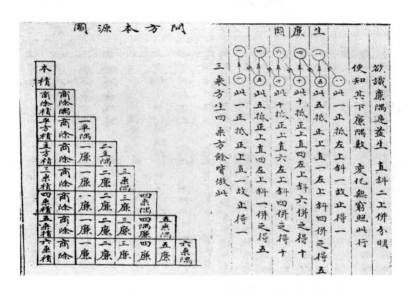

图 5-7　王文素"生廉图"和"开方本源图"
（书影来源于《中国科学技术典籍通汇·数学卷》）

　　这是王文素推广后的"贾宪三角"。他采用"生廉图"中的新方
法，即利用上下层的关系来求开方的系数，无须像"立成释锁"中用
增乘法求廉，这大大简化了计算。"欲识廉隅递益生，直斜二上并分
明。便知其下廉隅数，变化无穷照此行。"实际上，上一章我们讲过，
元代的朱世杰就已经发现了"贾宪三角"上下层之间的数量关系。

　　王文素书中的开方法，不论是开平方、开立方，还是开三乘以上
方等均为筹算开方新法，没有"借算"，也没有各项的退位（或进位）
变化，除了说明从上至下排列各项以外，没有像《丁巨算法》中"商
二二如四，除了四万，另于上退二位置二，合商百。并于下置二为
方"等其他更详细的位置说明，运算过程中也指出了每一项的具体

数值。其开方法虽是用算筹布算，但只要把开方术中的"上""下"改为"左""右"，即把各项数据由原来的上下排列改为左右排列，可以依"术"用算盘演算，因而比之前算书中的筹算开方新法更适合转换成珠算开方法，所以说王文素的开方具备了珠算开方的雏形。

下面再举一个开 5 次方的题目，$\sqrt[5]{1,0995,1162,7776}=256$，解释一下王文素开方的做法。

　　　　四乘方积一万九百九十五亿一千一百六十二万七千七百七十六尺，问：方面几何？答曰：二百五十六尺。法曰：置积一万九百九十五亿一千一百六十二万七千七百七十六尺为实。以一为隔算，开四乘方法除之。常超四位约实。一位定一，十万位定十，百亿位定百，后仿此。初商甲二百。置于积上为法，另置二百于积下，自乘三遍，得一十六亿为隔法，命甲二百除实三千二百亿尺，余实七千七百九十五亿一千一百六十二万七千七百七十六尺。乃五因隔法，得八十亿为方法，移置积下。以甲生廉求乙。（以甲生廉求乙图）

这一步是估初商并减根。即 $N-a^4 \cdot a$，开 5 次方，由王文素"生廉图"可得开 5 次方所用系数为"1，5，10，10，5"。

初商估得为 200，第一次减根 $109951162776 - 200 \cdot 200^4 = 77951162776$。"五因隔法"，$5 \cdot 200^4 = 8000000000$ 为"方法"。

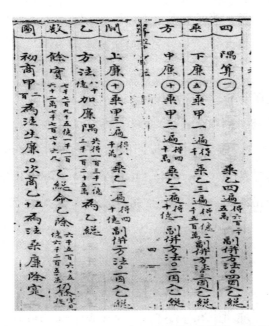

图 5-8 以甲生廉求乙图（来源于《中国科学技术典籍通汇·数学卷》）

求乙草曰：以上廉一十乘甲三遍，得八千万；中廉一十乘甲二遍，得四十万；下廉五乘甲一遍，得一千。以方廉隅五位共八十亿八千四十万一千单一以商余实。次商得五十。续上甲后为法。以上廉八千万乘乙一遍，得四十亿；以中廉四十万乘乙二遍，得一十亿；下廉一千乘乙三遍，得一亿二千五百万；以隔算一乘乙四遍，得六百二十五万；皆副并入方法，共一百三十一亿三千一百二十五万为乙总。命乙五十除余实六千五百六十五亿六千二百五十万尺，尚余实一千二百二十九亿四千九百一十二万七千七百七十六尺。乃一因上廉，仍是四十亿；二因中廉，得二十亿；三因下廉，得三亿七千五百万；四因隔法，得二千五百万；

皆并入乙总，共一百九十五亿三千一百二十五万为丙方。

以甲乙生廉求丙。(以甲乙生廉求丙图)

依次计算出 $5a^4$，$10a^3$，$10a^2$，$5a$，1，即

8000000000，80000000，400000，1000，1。

然后，“方、廉、隅五位共八十亿八千四十万一千单一，以商余实”五个数字的和“80，8040，1001”去商“109951162776－200·200^4＝77951162776”得第二位商 50。

利用 $N-a^5=(5a^4+10a^3b+10a^2b^2+5ab^3+1b^4)b$ 的关系，第二次减根。

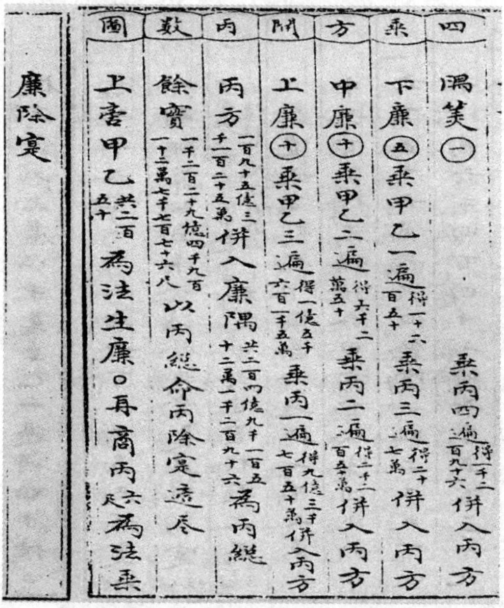
四乘方開丙數圖
廉除實
隅筭㊀ 乘丙四遍 得一千二百九十六 併入丙方
下廉㊄乘甲乙一遍 得一千二百五十 乘丙三遍 得二十七萬 併入丙方
中廉㊉乘甲乙二遍 得六十二萬五十 乘丙二遍 得二千二百五十萬 併入丙方
上廉㊉乘甲乙三遍 得一億五千六百一千五萬 乘丙一遍 得九億三千七百五十萬 併入丙方
丙方 一百九十五億三千一百二十五萬 併入廉隅 共二百四億九千一百五十二萬一千二百九十六 為丙總
餘實 一千二百二十九億四千九百一十二萬七千七百七十六 以丙總命丙除實適盡
上書甲乙 共二百五十 為法生廉○再商丙 六尺 為法乘

图 5-9　以甲乙生廉求丙图(来源于《中国科学技术典籍通汇·数学卷》)

求丙草曰：并甲、乙共二百五十为法。以上廉一十乘

甲乙三遍，得一亿五千六百二十五万；中廉一十乘甲乙二遍，得六十二万五千；下廉五乘甲乙一遍，得一千二百五十；以方廉隅共一百九十六亿八千八百一十二万六千二百五十一以商余实。再商丙六尺。续于甲乙之后为法。一遍乘上廉，得九亿三千七百五十万；二遍乘中廉，得二千二百五十万；三遍乘下廉，得二十七万；四遍乘隅算，得一千二百九十六；皆并入丙方，共二百四亿九千一百五十二万一千二百九十六为丙总。命丙六除余实，适尽。得方面二百五十六尺，合问。[1]

仿照上面的方法，再次试根得 6，减根恰好开尽，最后得 256。这里是用筹算的立成释锁开方。但是王文素的"前珠算开方"中的"试商、减根和求廉"，有自己的特点。与吴敬的"立成释锁方法"不同，王文素把原来筹算开方中的"商、实、方、廉、隅"竖排改成了横排，同时，省去了筹算开方中"借算"的步骤，去掉了"方、廉、隅"的退位过程，并且更加借助二项式定理中的数量关系，这些都是开方向珠算发展的主要环节。因此，王文素的开方即使不是珠算开方，也当是"前珠算开方"无疑。开方仍为商除开方，随着珠算口诀化的发展，归除开方法也在孕育之中。

2. 程大位与珠算开方

程大位（1533—1606），明代商人，字汝思，号宾渠，安徽休宁率口（今安徽黄山市屯溪区）人。少年时，读书极为广博，对书法和数

---

[1] 刘五然等校注.《算学宝鉴》. 北京：北京科学出版社，2008：483-496.

学颇感兴趣，一生没有做过官。20岁起便在长江中、下游一带经商。因商业计算的需要，他随时留心数学，遍访名师，搜集很多数学书籍，刻苦钻研，时有心得。约40岁时回家，专心研究，参考各家学说，加上自己的见解，于明万历壬辰年(1592)60岁时完成其杰作《直指算法统宗》，简称《算法统宗》。

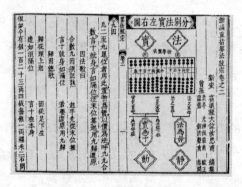

图5-10 《算法统宗》中的算盘图式(来自《中国科学技术典籍通汇·数学卷》)

《算法统宗》共十七卷，1592年以后的六年中，程大位又对该书删繁就简，写成《算法纂要》四卷，成为后世民间算家最基本的读本。《算法统宗》详述了传统的珠算规则，确立了算盘用法，完善了珠算口诀，搜集了古代流传的595道数学难题并记载了解决方法，堪称中国16世纪数学领域集大成的著作。《算法统宗》的编成及其广泛流传，标志着由筹算到珠算这一转变的完成。从此，珠算就成了主要计算方法，筹算就逐渐被人们遗忘以致失传。《算法统宗》总结了加、减、乘、除的珠算方法，并绘有算盘图式，又第一次提出归除开立方的珠算方法。在列举各种珠算方法的同时，还指出最方便的珠算方法，"有破头乘、掉尾乘、隔位乘，看来唯留头乘精妙"；除法"唯归除最妙"；而开方之法，必用"商除"。这些方便、准确的计算方法，至今仍为人们广泛使用。

明末，日本人毛利重能将其译成日文，开日本"和算"之先河。清代前期，该书又传入朝鲜、东南亚和欧洲，成为东方古代数学的名著。

程大位的珠算开方。珠算归除开方（包括开平方和开立方），是相对于较早出现的珠算商除开方而言的，皆属于《九章算术》开方系统而非增乘开方系统。至于《算学新说》所载开立方法，乃是一种简化的珠算商除开立方法，而不是严格意义上的"珠算归除开立方法"。此外，《算法统宗·卷六》中还介绍了珠算归除开平方法，并在《算法统宗·卷一》"开平方法"一节说道："今新增归除开方而法之便矣。"然而，珠算归除开平方法已见于《算学新说》，所以事实上已不属新增。而所载珠算开带从诸乘方包括带从开平方、减积开平方、节减从开平方和开带从立方。而开三乘方和开带从三乘方，皆属成熟的珠算开诸乘方及带从诸乘方最早的记载，为研究筹算开方法到珠算开方法的演变提供了原始资料。

《算法统宗》中商除开平方。明代珠算开方，起初用商除开平方，是源于筹算的开平方法，使用算盘将原来开方竖排的格式改为横排，采用立成释锁开方。以后，发展为归除开平方。二者开方时，第一位试商的做法相同，从第二位根开始商除，和传统的开方法无异，归除则用归除口诀来计算，是更为简便和快捷的一种方法。尽管程大位在《算法统宗》中说新增归除开平方和开立方，实际上朱载堉早已用归除开平方了。

商除开方，在算盘上布数为左、中、右三段，沿用传统的"商、实、方、廉、隅"等名称。下面以《算法统宗》中"商除开平方"第二问，来说明珠算商除开平方的过程，即计算 $\sqrt{361} = 19$。[1] 前面提过，本题与余楷《一鸿算法》记载的珠算商除开平方的例题相同。

假如今有围盘棋子共三百六十一个，问每面子若干？

答曰：每面一十九个。

法曰：置棋子为实，约初商一十个于实左，下法亦置是一十个于实右，左右相呼"一一除实一百个"，余实二百六十一个。就以下法一十倍之得二十。次商九个于左初商一十之次，亦置九个于右倍方二十之次，共得二十九个。皆与次商九相呼"二九除实一百八十个"，又左九对右九相呼"九九除实八十一个"，恰尽。

程大位的商除开平方法可分为四步，解释如下：[2]

（1）将 361 在算盘里表示出来，是被开方数，从右向左，两位一节，分两节，第一节 3 约得初商 10，在算盘左面表示出来，另外在算盘右侧，记 10 为下法。

（2）初商 10 与下法 10 相乘，在 361 内减去，余数为 261。

（3）将下法 10 加倍为 20，以它约余数 261，估次商 9，分别将 9 加于商位和下位。

（4）以次商 9 乘下法 29，在余数 261 内减除，恰尽，得平方根 19。

对比一下《一鸿算法》中的题目、口诀和解法，如下：

[1] 劳汉生．珠算与实用算术，石家庄：河北科学技术出版社，2010：150-166.
[2] 牛腾，邹大海．元明时代的筹算开平方新法：连接传统筹算开平方与珠算开平方的桥梁．自然科学史研究．Vol. 37, No. 1(2018)：1-22.

商分左右总居中，起手先呼数迭重。

唯有开平方用此，自乘减数与原同。

今有围棋子三百六十一个，问棋秤该横直眼各若干？

答曰：横一十九眼，直一十九眼。

法曰：商除者，心与意商量而除之者也。如开数太过，则总数不足；开不及，则总有余，要推敲的中方下手。起手须先呼重迭之数，如一一、二二、三三、四四、五五、六六、七七、八八、九九之类。又比常体不止于分法实为左右，则具实于中，左为正数，右对为倍数，即方用回原之意也。

这里开平方除了摆放方式外，与《九章算术》的筹算开平方相比无借算，不退位，而且算盘代替算筹，摆放方式必须改变。另外算盘有口诀，进行呼算，也是珠算的特点。我们知道在筹算开方新法的基础上最先产生了珠算商除开方法，然后利用归除法对珠算商除开方法进行改造发展后，珠算归除开方法就产生了，简单地说，"归除法"加"商除开方法"就是"归除开方法"。

下面看一下程大位《算法统宗》中的归除开平方的例子。

今有平方积五万四千七百五十六步，问平方一面若干？

答曰：二百三十四步。

归除[1]开平方法曰：置积五万四千七百五十六步为实，于盘中。见实，约商二百，于实左。亦置二百于右下。左右相呼：二二除实四万步，余实一万四千七百五十六步。以右下二百步，倍之得四百步为法。归除之，呼四一二十二，逢四进一十，得商三十步。就置三十步于右四百之下，相呼三三除实九百步，余实一千八百五十六步。就以右下三十步，倍之得六十步，共四百六十步为法，归除之，呼四一二十二，逢八进二十，得商四步。亦置四步于右六十之下，相呼四六除实二百四十步，又呼四四除实一十六步，恰尽。以左上所商，得二百三十四步，为平方一面之数也。

---

[1] 这里归除主要是和商除区别。珠算归除法用口诀进行计算，有九归口诀，起一还原口诀和撞归口诀。九归口诀共61句：一归(用1除)：逢一进一，逢二进二，逢三进三，逢四进四，逢五进五，逢六进六，逢七进七，逢八进八，逢九进九。二归(用2除)：逢二进一，逢四进二，逢六进三，逢八进四，二一添作五。三归(用3除)：逢三进一，逢六进二，逢九进三，三一三余一，三二六余二。四归(用4除)：逢四进一，逢八进二，四二添作五，四一二余二，四三七余二。五归(用5除)：逢五进一，五一倍作二，五二倍作四，五三倍作六，五四倍作八。六归(用6除)：逢六进一，逢十二进二，六三添作五，六一下加四，六二三余二，六四六余四，六五八余二。七归(用7除)：逢七进一，逢十四进二，七一下加三，七二下加六，七三四余二，七四五余五，七五七余一，七六八余四。八归(用8除)：逢八进一，八四添作五，八一下加二，八二下加四，八三下加六，八五六余二，八六七余四，八七八余六。九归(用9除)：逢九进一，九一下加一，九二下加二，九三下加三，九四下加四，九五下加五，九六下加六，九七下加七，九八下加八。

起一还原口诀共9句：无除退一下还一，无除退一下还二，无除退一下还三，无除退一下还四，无除退一下还五，无除退一下还六，无除退一下还七，无除退一下还八，无除退一下还九。

撞归口诀共9句：见一无除作九一，见二无除作九二，见三无除作九三，见四无除作九四，见五无除作九五，见六无除作九六，见七无除作九七，见八无除作九八，见九无除作九九。

此题 $\sqrt{54756}=234$，从归除开平方方法来看，与最早使用归除开平方的朱载堉的算法一样：布算分商、实、下法三项；没有方、廉、隅这些名称；初商用平方积口诀估出，然后用九归口诀求出，用口诀求出初商 2 的同时，完成了从实数中减去商数和下法的乘积这一动作，也确定了商数的位置；其他与商除开平方大致相同。程大位《算法统宗》中的珠算开带从平方方法基本继承自筹算开带从平方法，但书中没有对带从开平方法进行很好的归类，有的稍显烦琐，李长茂《算海说详》中亦是如此。至清代梅彀成对珠算开带从平方法进行了总结和重新归类，将它们分别命名为带从开平方法、减积开平方、四因积步法、减从开平方法。其中四因积步法对应的即《算法统宗》里的"归除平方带从"法，本质上还是归除开平方法。

3. 朱载堉与"珠算商除开立方"

历代天潢贵胄中有那么几位不务正业的"奇葩"。三国时期的曹植、南唐后主李煜是诗词奇才，明朝的朱载堉则是一位科学达人。朱载堉的科学和艺术成就鲜为人知[1]。他发明的十二平均律，被后人称赞为"比得上贝尔的电话和爱迪生的留声机"。

朱载堉，字伯勤，号句曲山人、狂生、山阳酒狂仙客。嘉靖十五年（1536）出生于怀庆（今河南沁阳），万历三十九年（1611）去世，享年 76 岁。他是明太祖朱元璋九世孙，明成祖朱棣的第八世孙，明仁宗朱高炽的第七代孙，郑藩王族嫡世。早年他跟随外舅祖何瑭学习天文、算术等学问，因其父获罪被关感到不公平，他筑室独处十七年，直到隆庆元年（1567），其父被赦免，他才愿意入宫。万历十九年

---

[1] 戴念祖. 天潢真人朱载堉. 郑州：大象出版社，2008.

（1591），郑王朱厚烷去世，作为长子的朱载堉本该继承王位，他却七疏让国，辞爵归里，潜心著书。其著作有《乐律全书》四十七卷，包含《算学新说》一书。

朱载堉幼年聪慧，为人处事不急不躁。有一次保母张氏口授千字文，读到"推位让国、有虞陶唐"句，载堉问："谁能推位让国？"张氏颇为惊骇，答："这是古人的事，你问什么。"载堉说："你何必惊吓，我就很容易做到。"张氏惶恐得急掩其口，说："这么重大的事情，不要随便乱说。"他的启蒙老师是郑府纪善刘润。刘润也深感难为其师，当载堉问及此类事情，也总是回避。因此，后来他"推位让国"并非鲁莽行事，实在是深思熟虑的结果。载堉不喜轻率浮薄，性格恭敬敏捷，温文尔雅，勤劳不懈。《诗经》《乐府》等影响他一生的诗词创作，并且留下了续补《诗经》中"忘诗"6篇25首。这些诗表现了他少年时期忠孝双全和文雅敦厚的风貌。同时，他从小就喜欢音乐、数学，而且聪颖过人，15岁时由于其父上书直谏，受到牵连。《明史》载他"笃学有至性，痛父非罪见系，筑土室宫门外，席藁独处者十九年"。实际上跨年头为十八年，独处十七年整。独处期间他专心攻读，除《十三经》和《二十一史》外，明代的乐学、律学、算学著作其也深入研读。历经十七年的磨难，在他三十二岁时，其父得以平反，"复郑世子载堉冠带"。一直到他五十六岁，他完成了乐学、律学、算学等大部分著作。当他七十一岁时，即经过了十五年的"七疏让国"终获成功，他让出国爵，迁出王府，居城郭之外，过上了与世无争、闲云野鹤的生活，五年后离世。

朱载堉对文艺的最大贡献是他创建了十二平均律，其关键数据为

$\sqrt[12]{2}$。[1] 此理论被广泛应用在世界各国的包括钢琴在内的键盘乐器上，故朱载堉被誉为"钢琴理论的鼻祖"。中国著名的律学专家黄翔鹏先生说："十二平均律不是一个单项的科研成果，而是涉及古代计量科学、数学、物理学中的音乐声学，纵贯中国乐律学史，旁及天文历算并密切相关于音乐艺术实践的、博大精深的成果。"十二平均律是音乐学和音乐物理学的一大革命，也是世界科学史上的一大发明。

朱载堉的研究成果墙里开花墙外香，居然能漂洋过海，在欧洲大放异彩，为推动世界音乐理论研究做出了重要贡献。他的名字早在18世纪就传入欧洲，其十二平均律理论传播到欧洲后，为欧洲学术界所惊叹。德国物理学家赫尔姆霍茨说："有一个中国王子叫朱载堉的，他在旧派音乐家的大反对中，倡导七声音阶，天才地把八度分成十二个半音。"后来李约瑟则评价说："平心而论，近三个世纪里欧洲和近代音乐完全可能受到中国的一篇数学杰作的影响，虽然传播的证据尚付阙如。发明者的姓名较之发明的事实，仍属次要，而且朱载堉本人肯定是第一个给另一个研究者应得的评价并最后一个争优先权的人。毫无疑问，首先从数学上系统阐述等程律的荣誉应当归之于中国。"[2]

朱载堉借助横跨81档的特大算盘，首用归除开平方、开立方的计算，提出了"异径管说"，并以此为据，设计并制造出弦准和律管。并利用其开方所得数值创造了十二平均律。它被西方普遍认为是"标准调音""标准的西方音律"。

---

[1] 朱载堉是通过连续对2开两次平方根再开三次方根得到的，即 $\sqrt[3]{\sqrt{\sqrt{2}}}$。

[2] 戴念祖. 天潢真人朱载堉. 郑州：大象出版社，2008：330-331.

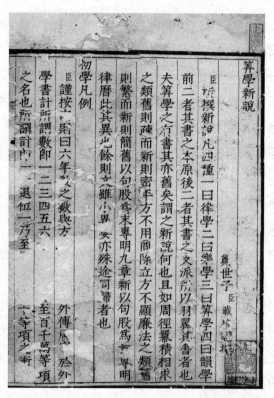

图5-11 《算学新说》书影（来自《中国科学技术典籍通汇·数学卷》）

朱载堉在珠算开方方面的贡献。16世纪上半叶或更早产生了珠算商除开方法。约在16世纪六七十年代产生了珠算归除开方法，朱载堉很可能是这一方法的首创者，或至少是一个先驱。现存算书中，朱载堉的《算学新说》最早记载用算盘进行归除开方的方法，所载开平方法为珠算归除开平方法，开立方法为珠算商除开立方法。但他说"夫算学之有书，其亦旧矣，谓之新说，何也？……平方不用商除，立方不显廉法之类，旧则繁而新则简"。这也说明了此处所指开平方法"旧法"为珠算商除开平方法，而开立方"旧法"应是指用到廉法的珠算商除开立方法。[1]

　　开方运算可能涉及很多位数的计算，所以普通的算盘会因为自身格局所限无法运算。这时就需要大算盘或者几个普通的算盘拼接在一起进行计算。朱载堉说道："凡学开方，须造大算盘，长九九八十一位，共五百六十七子，方可算也。不然，只用寻常算盘四五个接在一处算之，亦无不可也。"

图 5-12　八十一档的特大算盘

　　因为归除开平方已用程大位的题目前面介绍过，我们用《历算新说》第六问来解释一下商除开立方法（开方过程中朱载堉省去廉、隅等名词）。

───────────────

[1]　牛腾.元末至明清之际珠算开方法的起源与发展.中国科学院大学，2017：86.

$$\sqrt[3]{840.89641525371454303125} \approx 9.4387431。$$

商除开立方求前三位根的算法如下：

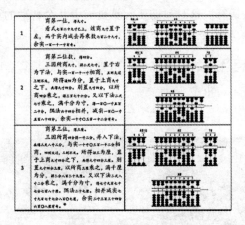

图5-13 算盘展示朱载堉珠算商除开立方法[1]

（1）求初商。置实数于算盘中段，从整段第一节840，心算得初商为9，置于盘左，同时在实数（被开方数）第一节减去初商9的立方729，余实 111.896415……（111.89641525371454303125），续求次商。

（2）初商9乘以3，得27置于盘右为下法。以下法27约实前段111，定次商4，置于初商9的后位为9.4。又于另一盘上置9.4，乘以次商0.4得3.76，又乘下法27，得101.52。次商0.4的立方0.064为隅法，加入101.52得101.584，在余实内减去101.584，商余实10.312415……，续求三商。

（3）求三商。3乘次商0.4得1.2，加下法27，得28.2。以28.2约实前段11.03，定三商为3，置3于次商后位9.43。置9.43于另一

---

[1] 牛腾.元末至明清之际珠算开方法的起源与发展.中国科学院大学，2017：87-88.

盘，乘以三商0.03，得0.2829。以下法28.2乘0.2829，得7.97778。三商0.03的立方0.000027为隅法，加入7.97778，得7.977807，在余实内减去，还余2.334608……

……

上述过程符合开立方公式：

$$N=a^3+3a(a+b)b+b^3+3(a+b)(a+b+c)c+c^3+3(a+b+c)(a+b+c+d)d+d^3+\cdots$$

$$N_1=N-a^3=840.896415\cdots-9^3=111.896415$$

$$N_2=N_1-3a(a+b)b-b^3=111.896415\cdots-101.584=10.312415$$

$$N_3=N_2-3(a+b)(a+b+c)c-c^3=10.312415-7.977807=2.334608$$

……

因此，朱载堉在音乐方面的巨大成就得益于在珠算开方方面的创新和发展。

最后稍微提一下，清朝珠算教科书中的开方算法。清朝时期出现了许多珠算教科书，下面我选取《最新珠算教科书》（江南商业学堂刊本）中的一道开方题目：$\sqrt[3]{2197}=13$。

在算盘上演示此题计算的关键步骤，对初学者来说很是方便，这也说明此时筹算已彻底退出了历史舞台。

总之，明中后期的数学家已不懂"增乘开方"和"天元术"，但是他们对于"开方算法本源图"（即"贾宪三角"）是熟悉的，而且还有所发展，加上依靠口诀在算盘上计算，能够开任意高次方（解数值方程），应用自如，得心应手。

此时，与开方相关的方程类型也越来越多。顾应祥在《测圆海镜分类释术》、周述学在《历宗算会》中按照益积、减从和翻积等类型讨论了二次、三次和四次方程。

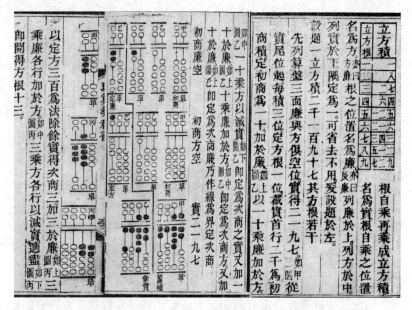

图 5-14　教科书中珠算开立方（来源于《中国科学技术典籍通汇·数学卷》）

另外，至此方程的根仍然局限在一个正根上。方程的分类，方程根的个数等方程论的内容，在清朝中后期，特别是当"增乘开方法"被重新发现后，才有了长足发展。

第六章　开方算法与高次方程根的讨论

自明以后四百多年间，"增乘开方法"和宋元许多重大数学成就一样，无人通晓，几乎成为绝学。清中叶之后，人们重新发现了增乘开方法，几乎所有著名的数学家都投入了对秦九韶等人的正负开方的研究。孔广森在前人的基础上，对方程重新分类，比如列出了有正根的三次方程的十三种情形。谈天三友汪莱、李锐、焦循互相切磋辩诘，讨论方程的分类及根与系数的关系，取得很大的成绩。华衡芳在研究朱世杰增乘开方的基础上，创立了华衡芳式增乘开方，但是这种方法实际上更复杂一些。汪莱将有一个正根的方程称为可知，有多个正根者称为不可知，有一正根或多个正根者称为可知或不可知。汪莱还给出了三次方程可知或不可知的充分必要条件，李锐的结论与之大体相同。汪莱和李锐经过多次讨论，得出方程的根与系数的判别法则：方程系数序列变号一次者有一正根，变号二次者有二正根，变号三次者有三正根或一正根，变号四次者有四正根或二正根。无正根者不在讨论范围之内。依此类推，这个结论与笛卡儿符号法则相同。另外，李锐还研究了方程的负根、重根和虚根。这里需要强调的是，中国的方程论是深深植根于中国数学史上连绵不断的开方运算的土壤里的，很有特色。

一、一元方程只求一个正根

1. 中算家对高次方程只求一个正根

从前面几章的内容，我们不难看出中国传统数学的开方和解数值方程是同一个问题。开方 $\sqrt[n]{A}$，即求解 $x^n = A$，开带从方即求高次方程 $a_0 x^n + a_1 x^{n-1} + a_2 x^{n-2} + \cdots + a_{n-1} x + a_n = 0$，$a_0 \neq 0$，$a_0 < 0$ 的数值解。求这两类方程的数值解的开方法和开带从方法，由《九章算术》的传统开方经过立成释锁，最终发展为一种很有效的增乘开方法。但是，因为中国传统数学更加强调其实用性，用开方法求解高次方程时有很大的局限性，增乘开方法出现之前这种情况更加突出。通常只求高次方程的一个正数根，遇到正无理根就用"命分法"或"求微数"的方法求出其近似值或无限逼近的有理根。另外，尽管我国负数的发现和应用是最早的，可是解方程却一直局限于求一个正根。没有考虑过负根，也没有讨论过方程根的个数和次数的关系以及根和系数的关系。《议古根源》中相邻两个问题的答案刚好就是同一个一元二次方程的两个根，可惜的是刘益和杨辉都没有指出这一点。也正是这种局限，使中

国传统数学的方程论知识发展缓慢，直到清朝中期，汪莱将有一个正根的方程称为可知，有多个正根者称为不可知，有一正根或多个正根者称为可知或不可知，才取得了一些成果。

二次方程 $ax^2+bx+c=0$，$a\neq0$ 是根据方程的系数不同而分类的。宋朝刘益之前 $ax^2+bx+c=0$ 分为两类，开方根 $ax^2=c$，$a>0$，$c>0$ 和开带从方 $ax^2+bx+c=0$，$a=1$，$b>0$，$c<0$。这里需要指出的是当这个正根是分数时，用连枝开方求解，这种方法后来发展为之分术。解方程的方法就是开方求一个正根。刘益时的二次方程首项系数已没有为"1"和正数的限制了，一次项的系数也可正可负，方程的形式为 $ax^2+bx=c$，$a\neq0$，$c>0$，刘益用"减从"和"益积"的方法来求解方程的一个正根，时称"正负开方"。秦九韶时，仍还要求常数项为负（写在方程等号的右侧就是"实常为正"），到金元时期的李冶和朱世杰 $ax^2+bx+c=0$ 就是现在的形式了。解法是用"增乘开方"求一个正根。

三次方程的形式是 $ax^3+bx^2+cx+d=0$，$a\neq0$，而 $ax^3+d=0$，$a\neq0$ 是个特例就不单独讨论了。因为祖冲之的《缀术》失传，这里不讨论其中内容。到唐朝的王孝通时代，三次方程的形式是 $ax^3+bx^2+cx+d=0$，$a\neq0$ 其中 $a=1$，b、$c>0$，$d<0$，解法用传统的开方法求得一个正根。秦九韶时还要求常数为负，到金元时期的李冶和朱世杰 $ax^3+bx^2+cx+d=0$，$a\neq0$ 就是现在的形式了，即解法用增乘开方求一个正根。四次方程及以上方程与之类似，在宋朝贾宪之后，可以用立成释锁，也可用增乘开方求出其一个正根。

对于 2 次、3 次和 4 次方程，需要提到吴敬、顾应祥、周述学和孔广森四位数学家。[1] 顾应祥和周述学都使用立成释锁开方解得一

---

[1] 牛腾. 元末至明清之际珠算开方方法的起源与发展. 中国科学院大学，2017：122-141.

个正根，按照开方式的系数以及开方过程中具体细节的不同，讨论了各种开带从方问题。其中顾应祥对各种开带从方的论述最为全面，在《测圆海镜分类释术》中有 60 多个开带从方的程序说明，包括 2 次、3 次和 4 次方程，涉及"益积""减从"和"翻积"等各种不同的题型类别，是在算盘上用立成释锁解得一个正根的。

2. 中算家及其对方程的分类

顾应祥[1]，明弘治十八年（1505）进士，正德三年（1508）授江西饶州（今江西省鄱阳县）推官。时府属乐平（今江西省德兴市）农民暴动，乐平县令被俘，众官皆束手无策。顾应祥携一老卒，骑一羸马，径至义军营垒，陈明利害，经顾应祥劝说后县令获释。事平，迁锦衣卫经历，后任广东按察佥事兼岭东道。赣、粤、闽交界地区又爆发农民起义，明廷派中丞王伯安（王守仁）率顾应祥前去镇压，擒农民军首领雷振、温火烧等。又移兵驱逐海盗。正德十四年（1519）擢江西副使、分巡南昌道。后又参与镇压湖南、广西的农民起义。嘉靖六年（1527），迁山东布政使，不久任都察院右副都御史，巡抚云南。云南任上，极意经略，定永昌府（今云南省保山市）腾越诸卫署，添设永昌等府县师儒，颁王氏公约，申明射礼，行宽军职袭替例等善政二十余事，滇人事事称便。母丧未能及时回候，被罢官，及奔还，与乡里蒋瑶、刘麟等结社，徜祥于菰城、岘山（均在今浙江省湖州市近郊）间，有终老之志。时吏部都察院曾数次奏陈，调顾应祥再抚云南，滇人大悦。不久升南京兵部右侍郎，未到任，改调南京刑部尚书，居官二年，离职回乡。

---

[1] 刘超．明代尚书数学家：顾应祥．兰台世界，2016（2）：46-47.

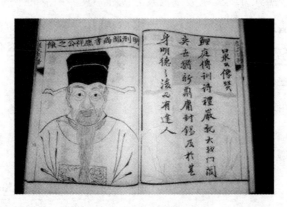

图 6-1　顾应祥画像

顾应祥一生勤奋好学,手不释卷,九流百家,无所不窥;读书则"必传证精解,务当于心而后已"。少年时曾随阳明、增城二先生游学。喜藏书,先后搜集先代著作数千种,并编撰有《顾氏书目》,收录其家藏图书,今已无考,唯见于明末藏书家王道明手抄稿本《笠泽堂书目》中所著录。著《传习录疑》1 卷、《致良知说》1 卷、《惜阴录》12 卷。尤精于九章勾股之学,著《测圆海镜分类释术》10 卷,指出:"置为数术以测之,于是乎天地之高深,日月之出没,鬼神之幽秘,皆可得而知之矣!"嘉靖四十四年(1565)病故,终年 83 岁,赐葬城西北灵山。

顾应祥所著《测圆海镜分类释术》是研究和注释《测圆海镜》的数学著作,共 10 卷,成书于嘉靖二十九年(1550)。李冶著《测圆海镜》的主要目的是利用天元术列出方程,而对方程解法则未详演,初学者不易理解。顾应祥将《测圆海镜》的全部问题重加分类,厘为 10 卷,仍得 170 问,每问之后有释,释后有术,对问题解答的演算过程详加推导,并对其中的开方、带从开方过程一一写明。顾氏此书便于入门时自学，但他对李冶原书中细草部分的"天元术"无法理解，因而将这一部分全部删去，可谓循枝叶而失根本。

表6-1　吴敬《九章比类》开带从平方方法分类[1]

序号	术之名称	术文所解决的方程类型
1	带从开平方法	$x^2+Bx=C,(B>0,C>0)$
2	带减从开平方法	$-x^2+Bx=C,B>0,C>0$
3	带减积开平方	$x^2+Bx=C,B>0,C>0$
4	带从负隅减从开平方	$Ax^2+Bx=C,A<0,B>0,C>0$
5	方法从方乘减积除实开平方	$x(x+p)+q(x+p)=C,p>0,q>0,C>0$ $-x^2+Bx=C,B>0,C>0$
6	带从减积开平方	$x^2+Bx=C,B<0,C>0$
7	减从翻法开平方	$-x^2+Bx=C,B>0,C>0$
8	负隅减从翻法开平方	$Ax^2+Bx=C,A<0,B>0,C>0$
9	带从廉开平方	$x(x+px)=C,p>0,C>0$
10	益隅开平方	$x^2+Bx=C,B<0,C>0$
11	带从隅益积开平方	$Ax^2+Bx=C$ $A>0,$且$A\neq1,B<0,C>0$
12	带从方廉开平方	$(x+p+qx)x=C,p>0,q>0,C>0$
13	减积隅算益从添实开平方	$Ax^2+Bx=C$ $A>0,$且$A\neq1,B<0,C>0$

---

［1］　牛腾.元末至明清之际珠算开方法的起源与发展.中国科学院大学，2017：118-119.

顾应祥在吴敬二次方程分类(参见表6-1)的基础上，使得这部分内容更加丰富和全面。顾应祥算书中载有不同系数符号的一元二次方程的解法。如对一元二次方程 $Ax^2+Bx=C(A\neq0)$ 来说，顾应祥一般称二次项系数 A 为隅，一次项系数 B 为从，C 一般被称为实且为正。当 $A=1$，$B>0$，$C>0$ 时，他称用带从开平方法求解，这和吴敬《九章比类》相同，而杨辉、王文素、程大位等称之为"益从开平方"；当 $A>1$，$B=0$，$C>0$ 时，用负隅开平方法求解等。相较于顾应祥的其他算书，《测圆海镜分类释术》中介绍的带从开方法是最全面的。(参见表6-2)

表6-2　顾应祥《测圆海镜分类释术》开带从平方法分类[1]

1	带从开平方法	$x^2+720x=230,400$
2	负隅开平方法	$1250x^2=18,000,000$
		$19,044x^2=22,014,864$
3	负隅减从开平方	$-4x^2+1,248x=92,160$
		$-25,000x^2+20,250,000x=2,278,125,000$
		$-2x^2+2,482x=300,560$
4	减从开平方	$-x^2+400x=33,600$
		$-x^2+640x=96,000$
		$-x^2+408x=34,560$
5	减从翻法开平方	$-x^2+144x=2,880$
6	以从减法开平方法	$x^2-60x=7,200$
7	添积从开平方法	
8	减从负隅翻法开平方（负隅减从翻法开平方）	$-2x^2+320x=9,600$
		$-4x^2+1,600x=81,600$

----

[1]　牛腾. 元末至明清之际珠算开方法的起源与发展. 中国科学院大学，2017：122-123.

9	以从减法翻法开平方	$x^2-102x=2,160$
10	带从负隅开平方 （负隅带从开平方）	$2x^2+1,360x=192,000$
		$70.4375x^2+6198.5x=25,921$
11	负隅以从减法开平方	$8x^2-448x=61,440$
		$1,000x^2-50,625x=11,390,625$
12	以从添积开平方	$x^2-155x=20,400$
		$1,000x^2-50,625x=11,390,625$
13	三位负隅开平方	$19,044x^2=445,800,996$
14	带从隅开平方	$225,280x^2+64,880,640x=5,839,257,600$
15	以从添积负隅开平方	$0.5x^2-18x=24,480$

顾应祥还对三次方程和四次方程进行了分类，分别对应着 17 种和 7 种形式。

表 6-3　顾应祥《测圆海镜分类释术》开带从立方法分类[1]

序号	术名	方程
1	带从负隅开立方	$2x^3+86,400x=13,824,000$
2	带从廉开立方法	$x^3+135x^2=21,600,000$
3	带从减益廉翻法开立方	$-x^3+140x^2-900x=180,000$
4	带从减廉开立方 （带从减从廉开立方）	$-x^3+336x^2-5,184x=2,488,320$
		$-x^3+1,280x^2-70,400x=43,008,000$
5	带从以廉减从开立方	$x^3-320x^2+132,800x=13,056,000$
6	带从负隅以廉添积开立方	$4x^3-1,280x^2+270,080x=20,889,600$
7	带从廉半翻法减从负隅开立方	

［1］　牛腾．元末至明清之际珠算开方法的起源与发展．中国科学院大学，2017：135.

序号	术名	方程
8	带从负隅以廉添积开立方	$0.5x^3-480x^2+193,920x=25,804,800$
9	带从以廉减从负隅开立方	
10	带从方廉开立方	$x^3+255x^2+40,000x=10,200,000$
11	带从廉减从(方)翻法开立方	$x^3-1,200x^2+213,600x=10,080,000$
12	带从廉负隅以隅减从开立方	$-6x^3+3,600x^2+536,400x=105,840,000$
13	带从方廉负隅以隅添积开立方	
14	带从方负隅开立方	$0.5x^3+88,200x=55,080,000$
15	带从负隅以廉减从半翻法开立方	$0.5x^3-320x^2+135,040x=20,889,600$
16	负隅带益廉减从开立方	$-4x^3-468x^2+201,240x=6,156,000$
17	带从负隅以廉减从翻法开立方	$0.5x^3-1,200x^2+427,200x=40,320,000$

表 6-4　顾应祥《测圆海镜分类释术》开带从三乘方方法分类[1]

序号	术名	方程
1	带从方廉开三乘方	$x^4+1,406x^3+511,907x^2+4,730,640x$ $=10,576,065,600$
2	带一廉以二廉益从减从翻法开三乘方	$-x^4+600x^3-56,988x^2+11,681,280x$ $=788,486,400$
3	带从廉添积开三乘方	$x^4-8,640x^2-652,320x=4,665,600$
4	带从方廉减隅翻法开三乘方	
5	从廉减从方负隅开三乘方	$2,160x^4-444,960x^3+10,628,820,000x$ $=717,445,350,000$

---

[1]　牛腾. 元末至明清之际珠算开方法的起源与发展. 中国科学院大学，2017：140-141.

序号	术名	方程
6	带从廉负隅以廉隅添积开三乘方	$-2x^4-578x^3+184,960x^2+53,453,440x$ $=8,552,550,400$
7	带从负隅以廉隅减从开三乘方	
8	带上廉负隅以下廉减从开三乘方法	$2x^4-640x^3+4,480x^2+47,001,600x$ $=5,013,504,000$
9	带从方廉以下廉减从开三乘方	$x^4-332x^3+27,556x^2+462,400x$ $=305,184,000,000$
10	带从负隅以廉隅添积开三乘方	$-2x^4-578x^3+346,800x^2+100,225,200x$ $=30,067,560,000$
11	以二廉隅减一廉从方开三乘方	
12	带从方隅以二廉减从开三乘方	$2x^4-1,200x^3+319,200x^2+36,720,000x$ $=7,344,000,000$
13	带从方负隅以二廉添积开三乘方	
14	带一廉负隅减从以二廉益从开三乘方	$-0.5x^4+600x^3-319,200x^2+240,480,000x$ $=64,800,000,000$
15	带从一廉以二廉减从开三乘方	$x^4-654x^3+106,929x^2+22,472,640x$ $=1,955,119,680$
16	带从方廉负隅单位开三乘方	$0.25x^4+1,600x^3+48,320x^2+18,534,400x$ $=2,621,440,000$
17	带从方廉负隅以二廉减从翻法开三乘方	$0.25x^4-900x^3+90,600x^2+162,360,000x$ $=32,400,000,000$
18	带从方负隅以二廉添积开三乘方	
19	带从方廉隅算以二廉减从开三乘方	$0.4375x^4-766.5x^3+165,963x^2+252,393,120x$ $=60,989,241,600$
20	带从方一廉添积以二廉为法开三乘方	$-63x^4+15,792x^3-562,520x^2-46,428,480x$ $=553,190,400$

周述学[1]，字继志，别号云渊子，先世汝南，后迁居山阴（今浙江省绍兴市），是明代后期著名的科学家。周述学一生没有为官，虽然有人向朝廷推荐过他，但都被他谢绝了。

他读书"好深湛之思，尤邃于历学"，曾到江苏和北京等地游历，进行学习和研究，与当时著名的天文数学家唐顺之和顾应祥等讨论历法问题，颇有心得。

图6-2　周述学画像

他是一位博学者，于星占、数学、地理学、航海术、兵法无不研究，但主要的成就是历法和数学。他著有《历草》《中星测》《天文图学》《神道大编历宗通议》和《神道大编历宗算会》等书。而且后两书，有抄本流传至今。

历算方面，他用中国之算，测西域之占。又推究五纬细行，为《星道五图》，于是七曜皆有道可求。

---

[1]　见《明史·周述学传》。又见赵慧芝著《中国古代科学家卷下·周述学传》，李迪译，1098。

周述学所著数学著作《神道大编历宗算会》简称《历宗算会》，全书十五卷。大致内容如下：卷一入算，卷二子母分法，卷三勾股，卷四开方平方，卷五立方，卷六平圆，卷七弧矢经补上，卷八弧矢经补下，卷九分法互分，卷十总分，卷十一各分，卷十二积法平积，卷十三立积，卷十四隙积、算会圣贤姓氏，卷十五歌诀。

周述学在《历宗算会》中继续研究二次方程的分类问题，分为 18 类情况，具体内容见下表。

表 6-5　周述学《历宗算会》开带从平方法分类 [1]

序号	术名	方程
1	带从开平方 （积与长阔较求阔）	$x^2+Bx=C, B>0, C>0$
2	（带）减积开平方 （积与长阔较求阔）	$x^2+Bx=C, B>0, C>0$
3	负从益积开平方 （积与长阔较求长）	$x^2+Bx=C, B<0, C>0$
4	带减从开平方 （积与长阔较求长）	$x^2+Bx=C, B<0, C>0$
5	带从负隅益隅开平方 （积与长阔和求阔）	$-x^2+Bx=C, B>0, C>0$
6	带从负隅减从开平方 （积与长阔和求阔）	$-x^2+Bx=C, B>0, C>0$
7	带从负隅减从翻法开平方 （积与长阔和求长）	$-x^2+Bx=C, B>0, C>0$
8	带从减积开平方	$(x+p)(x+q)=C, p>0, q>0, C>0$

---

[1] 牛腾．元末至明清之际珠算开方法的起源与发展．中国科学院大学，2017：125-127.

序号	术名	方程
9	减积带从负隅并从开平方	$Ax^2+Bx=C$ $A>0$,且$A\neq1,B>0,C>0$
10	隅算开平方	$Ax^2+Bx=C$ $A>0$,且$A\neq1,B=0,C>0$
11	带从隅益积开平方	$Ax^2+Bx=C$ $A>0$,且$A\neq1,B<0,C>0$
12	带从负隅减从开平方	$Ax^2+Bx=C$ $A>0$,且$A\neq1,B<0,C>0$
13	减积带从隅益积开平方	$Ax^2+Bx=C$ $A>0$,且$A\neq1,B<0,C>0$
14	带从负隅减从益实开平方	$(Ax-p)(x-q)=C$ $A>0$,且$A\neq1,p>0,q>0,C>0$
15	带从廉开平方	$x(x+px)=C,p>0,C>0$
16	带从廉负隅开平方	$Ax^2+Bx=C$ $A>0$,且$A\neq1,A>0,B>0,C>0$
17	带从方廉开平方	$(x+px+q)x=C,p>0,q>0,C>0$
18	带从廉负隅乘从减实开平方	$(Ax+p)(x+q)=C$ $A>0$,且$A\neq1,p>0,q>0,C>0$

孔广森(1752—1786)，字众仲，一字㧑约。山东曲阜人，孔子六十八代孙。孔广森天资聪颖，乾隆三十六年（1771），即高中进士，入选翰林院庶吉士，散馆授检讨。孔广森年少为官，翩翩华胄，一时间世人争相逢迎，冀相缔交。然而其生性淡泊，沉心著述，不愿与达官要人通谒。后告养归乡，读书期间，不复出山。"旋遭家难，以父所著书为族人讦讼，将西戍塞外，扶病走江淮、河洛间，称贷四方，

纳赎锾，父因之获宥。未几，居大母暨父忧，竟以哀卒，年仅三十有五。"

在数学上，他传戴震的"测算之学"，对古代数学中解"方田""粟米""差分""少广""商功""均输""方程""勾股""赢不足"等都颇为精通，著有《少广正负术内外篇》六卷。该书是专门研究高次方程的解法和应用的专著，对整理和发展中国传统数学做出了一定的贡献。

图6-3　孔广森画像

清朝数学家孔广森对 3 次方程和 4 次方程进行了归纳，其中除了开 3 次方根外，他给出的 13 种形式是有正根的三次方程的全部形式，无重复无遗漏。所有方程都有一个正根 12，可见上述工作是构造性的工作，是理论研究的结果。

带从立方 4 种：①$x^3+156x-3600=0$；②$x^3+13x^2-3600=0$；③$x^3+5x^2+96x-3600=0$；④$x^3+20x^2-84x-3600=0$。

减从立方 4 种：①$x^3-84x-720=0$；②$x^3-7x^2-720=0$；③$x^3-3x^2-48x-720=0$；④$x^3-82x^2+900x-720=0$。

负隅立方 5 种：$-x^3+384x-2800=0$；②$-x^3+32x^2-2800=0$；③$-x^3+15x^2+204x-2800=0$；④$-x^3+40x^2-96x-2800=0$；⑤$-x^3-7x^2+468x-2800=0$。

这是首项系数的绝对值是 1 的情况，其实并没有这个限制，比如他还给出了连枝开方的例子 2 个：①$2x^3+x^2-225x-900=0$；②$-2x^3+9x^2+225x-900=0$。所有这些情况，只讨论或求解方程的一个正根。

类似的还罗列出了 4 次方程的情形（略），解法用立成释锁。

二、对高次方程的认识

1. 汪莱及其《衡斋算学》

汪莱[1](1768—1813)，字孝婴，号衡斋，出生在安徽歙县的一个书香世家。他天资敏绝，有早慧之誉，一些重要论著多成稿于其青年时期，"其学由自得，不假师授"。他多才多艺，除天算外，还通晓经史、音韵、训诂、乐律，工篆书，亦能诗，尤以数学成就最著，著《衡斋算学》七卷。不幸的是，汪莱 20 岁时父亲去世，生活的重担过早压在了他的身上，迫于生计，汪莱孤身一人来到苏州，开设课馆，以教书为生。在苏州教学之余有幸结识了当时著名的数学家焦循（1763—1820），世人将汪莱、焦循以及他们共同的好友数学家李锐（1773—1817）称为"谈天三友"，他们共同谈论数学问题，在算学方面互相启发和影响。汪莱特别是与焦循相交，友谊最深。焦循曾这样

---

[1] 李兆华. 衡斋算学校正. 西安：陕西科学技术出版社，1998：导言 1–16.

评价汪莱和李锐："今世精九数之学者，推孝婴及李尚之（锐），尚之善言古人之所已言，而阐发得其真。孝婴善言古人所未言，而引申得其间。尚之，精实，如诗之有少陵也；孝婴，超异，如诗之有太白也。又称孝婴天资敏绝，性能攻坚，极繁赜幽秘，他人反复再三，未能理其绪。而孝婴目一二过，已贯达其条目。"罗士琳在《畴人传》续编卷五十《汪莱传》中，也评价说："孝婴超异绝伦，凡他人所未能理其绪者，孝婴目一二过，即默识静会，洞悉其本原，而贯达其条目。诸所论著，皆不欲苟同于人。是诚算家之最。"

汪莱毕生致力于数学研究，其算学造诣曾为当时的同行认可，焦循《加减乘除释》、张敦仁《辑古算经细草》都曾请汪莱为之作序，其序文今收载在其最有代表性的著作《衡斋遗书》之中。汪莱一生的数学成就都包含在他的七卷本《衡斋算学》里，其中他最先提出在求解方程时方程根不只有一正根，是中国数学史上关于方程根研究的一个突破。《衡斋算学》第五册中讨论了 24 个一元二次方程和 72 个一元三次方程正根的情况。此外，他还讨论了三次方程根与系数的关系等。

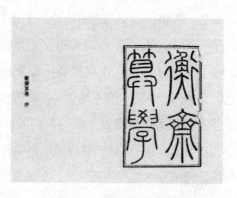

图 6-4　《衡斋算学》书影

2. 汪莱的数学成就

在《衡斋算学》第二册中，汪莱指出了可有两个根的三次方程。中国传统数学对方程的次数和方程根个数的关系，缺乏认识，求出一个正根就万事大吉。汪莱以此为起点，指出 $x(p-x)^2=q$，$p>0$，$q>0$，$0<x<p$ 有两个合题意的正根，而且这一发现成为清朝开始研究方程论的起点。

汪莱将只有一个正根的方程，称为可知。有多个正根的方程，需要检验后才知道哪个根是所求的解，称为不可知。若方程有一正根或多个正根，称为可知或不可知。汪莱基于这样的概念对有正根的方程进行了分类[1]，他是第一个认识到高次方程不止只有一个正根事实的人，这在中国数学史上是个突破。他指出有实根的二次方程和三次方程共 23 个，其中 16 个有正根，无重复无遗漏。其中可知者 9 个，可知或不可知者 1 个，不可知者 6 个。如，他在给出 a，b，c，$d>0$ 时，$ax^3-bx^2-cx-d=0$ 可知，即有一正根；$ax^3-bx^2+cx-d=0$ 可知或不可知，即有一正根或多个正根；$ax^3-bx^2+cx+d=0$ 不可知，即无正根。实际上，这里已是简单情形下笛卡儿符号法则的雏形了。在 $ax^3-bx^2+cx-d=0$ 的讨论中，汪莱还给出了可知或不可知判别方法，其中蕴含着虚根共轭的意义，这两个内容在第七册中进一步进行了讨论。

通过对秦九韶《数书九章》和李冶《测圆海镜》的研究，汪莱讨论了有实根的二次方程和三次方程正根的个数问题，无正根的情况不讨论。研究成果在《衡斋算学》第五册中。本册中按照方程的系数分类

---

[1] 感谢李兆华先生对此内容开示。李先生指出，该问题起源于秦九韶《数书九章》中的尖田求积题目有两个正根 240 和 840，只取 840，本题目参见第四章的内容。李冶《测圆海镜》卷三第五问有 240 和 576，只取 240。汪莱批评二氏以不可知为可知。

共列举了 96 条。归纳后可得 16 个方程。其中有实根的二次方程和三次方程共 23 个，除去开平方、开立方的特例 3 个，无正根的 4 个，其余 16 个有正根，这 16 个方程对二次方程和三次方程来说，无重复无遗漏。

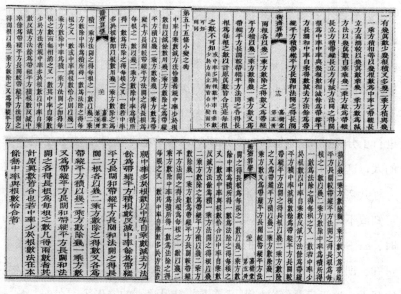

图 6-5 《衡斋算学》中三次方程正根的个数及解法

（来自《中国科学技术典籍通汇·数学卷》）

这里讨论了 $ax^3 - bx^2 + cx - d = 0$，a，b，c，$d > 0$ 的正根个数及其解法。

基于上述第五册内容的讨论，在第七册中，汪莱进一步讨论了有实根的高次方程正根个数出现的规律和正根的判别条件。在本册书中汪莱重新对高次方程进行分类如下：

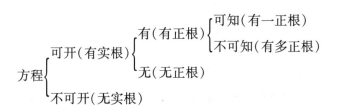

汪莱进一步深化笛卡儿符号法则并给出了虚根成对出现的结论。汪莱在讨论四次方程的正根个数时，指出"合而有数皆如本"和"同式异理"，即"乘积多项式正根的个数等于其相乘诸多项式正根之和"和"乘积多项式序列变号次数相同者，其正根的个数可相差一个偶数"。当然，后面我们还会讲到数学家李锐继续讨论笛卡儿符号法则的问题。

如，$6x^4-5x^3-x^2-10x+24=0$，"此题无数"；$4x^4-15x^3+5x^2+36=0$"此题二数"，"同式异理"。$2x^4-21x^3+78x^2-117x+68=0$，"此题无数"；$x^4-13x^3+58x^2-108x+72=0$，"此题四数"，"同式异理"。

另外，汪莱还给出了方程有正根的判别条件。他讨论三项方程的判别条件，四项以上可以划归为三项方程讨论。对于 m，n 是正整数，$n>m$，$p>0$，$q>0$ 时，方程 $x^n-px^m+q=0$ 有正根的充要条件是 $q\leqslant\frac{n-m}{n}p\times\left(\frac{m}{n}p\right)^{\frac{m}{n-m}}$，该结论正确。

根与系数的关系。汪莱就 a，b，c，$d>0$ 时讨论了方程 $ax^3-bx^2+cx-d=0$ 根与系数的关系，指出这个方程有三个正根 x_1，x_2，x_3，那么有 $x_1+x_2+x_3=\frac{b}{a}$，$x_1x_2+x_2x_3+x_1x_3=\frac{c}{a}$，$x_1x_2x_3=\frac{b}{a}$，这是韦达定理的一个特例。

总之，汪莱工作标志着中国传统数学的高次方程分支由算法进入理论研究，具有里程碑性的意义。

3. 李锐的《开方说》及其方程论方面的工作

李锐(1773—1817)，清代数学家、天文学家，又名向，字尚之，号四香，江苏元和(今苏州)人。他聪明过人，偶得《算法统宗》，并自学了此书。乾隆五十三年(1788)，李锐为元和县生员。次年钱大昕主持紫阳书院，李锐就此受业其门下。乾隆五十六年(1791)，开始向钱大昕学习天文和数学知识。李锐虽然长年奔走于达官显贵之间，他的家庭生活却十分清苦。李锐嗜书如命，为此不得不节衣缩食。有时实在买不起，他就靠借书和抄书来获得所需的资料。过度的工作和沉重的家庭负担损害了他的健康。嘉庆十九年(1814)，李锐已患重病，此时他开始向弟子黎应南讲授开方与解方程的理论，断断续续地讲了三年，其讲稿就是后来的《开方说》。嘉庆二十二年(1817)夏，李锐病情恶化，临终前嘱托黎应南务必将尚未定稿的《开方说》下卷写好。嘉庆二十二年八月十二日，正值盛年的李锐咯血身亡，时年仅44岁。另外他还是《畴人传》的主要执笔人之一。

李锐通过研读和整理秦九韶和李冶的数学著作，并受汪莱《衡斋算学》的启发，著有《开方说》三卷，第三卷由他的弟子完成，其中他使用了"增乘开方法"，并借此得到了一些方程论的结果。李锐提出了较汪莱更加完备的笛卡儿符号法则，还研究了方程的负根、重根和虚根以及方程变换等问题。

图 6-6　李锐画像

　　笛卡儿符号法则。李锐对代数方程论的兴趣发轫于对秦九韶、李冶等宋元数学家著作的整理与研习，但其直接导因却是汪莱在《衡斋算学》第五册中对各类方程正根的讨论。在为汪莱所作的跋文中，他将汪莱所得到的 96 条"知、不知"归纳为三条判定准则，其中第一条相当于说系数序列有一次变号的方程只有一个正根，第三条相当于说系数序列有偶数次变号的方程不会只有一个正根。

　　在《开方说》中，李锐则给出了更一般的陈述"凡上负、下正，可开一数"，"上负、中正、下负，可开二数"，"上负、次正、次负、下正，可开三数或一数"，"上负、次正、次负、次正、下负，可开四数或二数"。推而广之，他的意思相当于说：（实系数）数字方程所具有的正根个数等于其系数符号序列的变化数或者比此变化数少 2（精确的陈述应为"少一个偶数"）。这一认识与法国数学家笛卡儿（R. Descartes）于 1637 年提出的判别方程正根个数的符号法则是不相上下的。区别仅在于无正根的情形在不在讨论范围内。

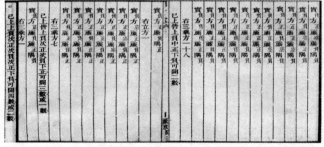

图 6-7　李锐符号法则(来自《中国科学技术典籍通汇·数学卷》)

　　虚根、负根、重根和代数基本定理。李锐在讨论了方程正根个数的符号法则后，说道："凡可开三数或止于一数，可开四数或止于二数，其二数不可开是为无数，凡无数必两，无一无数者。"这里的无数即为虚数，显然李锐对于无理根必共轭成对出现的认识较汪莱明确得多。李锐还曾讨论过二次方程无实根的情况并给出充分条件："凡有相等两数，依前求得平方实、方、隅，若以实加一算或一算以上，此平方即两数皆不可开。"即对于方程 $(x-a)^2 = 0$，左端加上 $\varepsilon > 0$ 即 $(x-a)^2 + \varepsilon = 0$，则无实根。

　　李锐在开方过程中认识到了方程有虚数根的情况，并指出虚数根必成对出现，但是仅就此而止，并未做深入讨论。下面看一个《开方说》卷下中的例子。

凡可開三數、一數有兩數無者。或第一數有、第二、第三數無；或第一、第二數無、第三數有、必無第二數有、第一、第三數無者、以兩無數必相連,故也。

商實減實 方減方 廉減廉 隅

實一百八十八負,方九十五正,廉一十六負,隅一正。開立方得四。

商四正

〇〇〇

開訖變之,得實二十五正,方四負,隅一正。如下式：

實 方 隅

此無數可開於例尚可開兩數,故知無數者爲第二數、第三數。

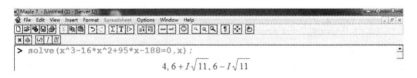

```
Maple 7 - [Untitled (1) - [Server 1]]
File  Edit  View  Insert  Format  Spreadsheet  Options  Window  Help

> solve(x^3-16*x^2+95*x-188=0,x);
            4, 6 + I√11, 6 - I√11
```

图 6-8　李锐《开方说》中有虚根的方程

（来自《中华大典·数学典》"开方总部",maple 来自程序截图）

　　这里李锐说三次方程可以开出三个根,那么如果只有一个实数根,另外两个必为复数根且成对出现,其他高次方程也有类似的结论。对于 $x^3-16x^2+95x-188=0$,有实数根 4,还有一对共轭的复数根 $6\pm\sqrt{11}\,i$。用增乘开方法开出正根后,降为二次方程 $x^2-4x+15=0$,并指出此方程无数可开,即有一对复数根。

　　另外,李锐首先引进了负根和重根的概念。负数的概念在中国很早就出现了，但是明确提出方程有负根，李锐却是第一人，他说"凡商数为正，今令之为负"，并举例说明了这样的方程，即将原来正根方程换为负根，新的方程就有负根。他说"凡可开两数以上而各数具等者，非无数也，以代开法入之，可知"。考虑到负根、重根，正根和成对出现的复数根，再加上可以逐次求出各根的"代开法"，实际上汪莱和李锐的认识已接近代数基本定理。区别仅在于无实根的情形在不在讨论范围之内。

而对于减根、倍根与缩根变换已经包含在增乘开方程序里面，李锐首次概括出各种变换的法则。

前面讲过汪莱给出了三次方程的韦达定理，李锐则给出了韦达定理的一般形式，"凡有正负各数，累乘之，即得实、方、廉、隅各数"。其中，"正负各数"为一次方程的根，"实、方、廉、隅"为乘积多项式方程的常数项及各项系数（降幂）。这一结论即：

$$(x-x_1)(x-x_2)\cdots(x-x_n)=x^n-(x_1+x_2+\cdots+x_n)x^{n-1}$$
$$+\cdots(-1)^n x_1 x_2 \cdots x_n$$
$$=x^n-a_1 x^{n-1}+\cdots+(-1)^n a_n$$
$$=0$$

小知识◎基于中国古代开方术一元高次方程的分类

在本书第一章的开始，我们说"开方是乘方的逆运算"，这是现代数学中的定义，接着又给出了刘徽对开方的定义"开方，求方幂之一面也"，这是古代数学中的一种定义方法。实际上中国古代的"开方"一词，内容不仅丰富，而且范围也很宽泛[1]。《周髀算经》最早记载"开方"一词，"开方除之"，此处意为开平方。《九章算术》中的"开方"除了"开平方"外还包括"开带从平方"。但是，历史上如果不做特殊说明，所谓"开方"笼统地指各种方程的开方，尤其是在解题的术文中直接说"开方除之"，可以包括开平方、开立方、开更高次方，或者各种开带从方。对于具体问题，在当时的语境再做详细讨论。按照牛腾博士的研究，将这些情况总括如下：

古算术语	对应的现代解释
开方	解形如 $a_n x^n + a_{n-1} x^{n-1} + \cdots + a_1 x + a_0 = 0$ 的一元二次及以上方程的正根
开平方	解形如 $Ax^2 + Bx + C = 0$ 的一元二次方程的正根
开立方	解形如 $Ax^3 + Bx^2 + Cx + D = 0$ 的一元三次方程的正根
开带从平方	解形如 $Ax^2 + Bx + C = 0 (B \neq 0)$ 的一元二次方程的正根
开带从立方	解形如 $Ax^3 + Bx^2 + Cx + D = 0 (B, C$ 至少有一个不为 0) 的一元三次方程的正根
开带从方	解形如 $a_n x^n + a_{n-1} x^{n-1} + \cdots + a_1 x + a_0 = 0 (a_{n-1}, a_{n-2}, \cdots, a_1$ 至少有一个不为 0) 的一元二次及以上方程的正根

开方术的中国一元高次方程的分类内容相当丰富，比如本章中讲到的"带从开平方"，吴敬分为 13 类，顾应祥分为 15 类，周述学则分为 18 类。所以，对这个问题本身以及传承的深入研究是很有意思的课题。

---

[1] 牛腾. 关于中国古算术语"开方"的几个问题. 中国科技术语. 2017：vol.（19）3：64-69.

第七章 基于开方术的高次方程多个根的解法

从前面的论述，我们看出，在中国漫长的开方历史当中，绝大多数都是只求一个正根的。贾宪所创"增乘开方法"即求高次幂正根的方法，后来发展成为求解高次方程数值解的一般方法，目前数学中的综合除法，其原理和程序都与它相仿。

之后，该算法在明朝失传。清中叶之后，人们重新发现增乘开方法，李锐和焦循对增乘开方法进行概括和总结，开方方法上并没有实质变化。开方术发展到晚清受到西学东渐的影响，中算家夏鸾翔基于级数展开的开方新术比戴煦的方法更为简捷有效[1]。

---

[1] 这一部分不在本书中讨论。

一、清朝数学家对高次方程多个根的认识

  清朝，几乎所有著名的数学家都投入了对秦九韶等开方术的研究，并在方程的分类、根的讨论以及根与系数的关系等方程论的内容上得到了很多结果。清朝数学家华蘅芳创立了基于"开方诸表"的开方法，他误以为就是秦九韶的开方法，尽管他的方法实不如增乘开方法简单，却也是一种创见。

  从程之骥的《开方用表简术》来看，确实比华蘅芳的方法简单了一些，但是整个开方过程仍然相当烦琐。而且他和华蘅芳的方法在内在本质上与增乘开方法一致，也符合中算喜欢用"表"来开方的习惯，这种方法有自己的优点，对于高次方程多个根，不论是正数还是负数的求解还是很顺畅的。与李锐所用传统开方法求多个根的方法相比，有其优点。

  比如$(x-2)(x-3)=x^2-5x+6=0$就有两个正根，利用增乘开方法解出这个方程的一根，之后利用这个根把方程降次，再进行求解，这种方法思路简单，处理方便，但是操作复杂，下面举例中略去此种方

法。方程可有多正根（汪莱）、负根（李锐）这一事实被提出之后，求解方法随之出现。

李锐《开方说》举例说明，用正负开方术求解负根和正根的过程相同。李锐求解多正根的方法称为"代开法"，包括"寄位代开"和"较数代开"二法，即以正负开方术求解降阶方程的正根，是在正负开方术基础上发展起来的方法。

汪莱《衡斋算学》第七册"求次数"一节也给出了求降阶方程的方法，可惜没有给出算例，汪莱的方法虽然简单但是不如李锐的方法影响广泛。所有这些内容，标志着李锐在方程论领域的工作，突破了中国古典代数学的窠臼，成为清代数学史上一个引人注目的理论成果。

下面我们通过几个具体的算题来看一下中国古代求方程多根的方法。

李锐"较数代开"的算理。从前面的论述来看，李锐的"代开法"无论是"寄位代开"还是"较数代开"，都不是特别简单，也就是说计算效率并不高，反而需要开始用"步法"讨论根的个数以及其初商的大小。实际上，既然得到了每个正根的初商，直接用正负开方求得各个正根，反而更加简单和有效。下面我们再用求解 $x^3-151x^2+2838x-14040=0$ 这个例子解释一下李锐"较数代开"计算过程。

对于方程 $x^3-151x^2+2838x-14040=0$，求得 130，12，9 三个正根为例。首先估得初商 100，即，此时开得第一个根的第一位数为 100。

1	-151	2838	-14040 $\lfloor$100
	100	-5100	-226200
1	-51	-2262	-240240
	100	4900	
1	49	2638	
	100		
1	149		

即 $f(x)=(x-100)^3+149(x-100)^2+2638(x-100)-240240=0$。继续开方商得第一个根的第二位 30，

$$
\begin{array}{rrrr|r}
1 & 149 & 2638 & -240240 & 30 \\
 & 30 & 5370 & 240240 & \\
\hline
1 & 179 & 8008 & 0 &
\end{array}
$$

即 $(x-130)\left[(x-100)^2+179(x-100)+8008\right]=0$，后面继续计算，

$$
\begin{array}{rrrr|r}
1 & 149 & 2638 & -240240 & 30 \\
 & 30 & 5370 & 240240 & \\
\hline
1 & 179 & 8008 & 0 & \\
 & 30 & 6270 & & \\
\hline
1 & 209 & 14278 & & \\
 & 30 & & & \\
\hline
1 & 239 & & &
\end{array}
$$

可得 $f(x)$ 关于 $(x-130)$ 展开式即 $(x-130)^3+239(x-130)^2+14278(x-130)=0$，此时，已经得到了方程的第一个根 130。

对于 $(x-130)^2+239(x-130)+14278=0$，令 $y=x-130$，得 $y^2+239y+14278=0$，开方，

$$
\begin{array}{rrr|r}
1 & 239 & 14278 & -100 \\
 & -100 & -13900 & \\
\hline
1 & 139 & 378 & \\
 & -100 & & \\
\hline
1 & 39 & & \\
\end{array}
$$

$$
\begin{array}{rrr|r}
1 & 39 & 378 & -10 \\
 & -10 & -290 & \\
\hline
1 & 29 & 88 & \\
 & -10 & & \\
\hline
1 & 19 & &
\end{array}
$$

$$
\begin{array}{rrrr}
1 & 19 & 88 & -8 \\
 & -8 & -88 & \\
\hline
1 & 11 & 0 & \\
 & -8 & & \\
\hline
1 & 3 & &
\end{array}
$$

可得$(y+118)^2+3(y+118)=0$，即$(y+118)(y+118+3)=(x-130+118)[(x-12)+3]=0$，于是可得方程的另外两个根 12 和 9，其中 -118 和 -3 称为较数。代开法的建立，使得正负开方术成为求解方程实根的一般方法。与寄位代开相比，较数代开更为简明。

二、基于开方法的高次方程多个根的解法

这里主要介绍李锐的寄位代开和较数代开方法。这些方法都源于中国的开方术，而且可解任意高次方程。我们以三次方程为例介绍这些算法，以便让读者更好地理解古人的智慧和中国传统数学的魅力。我国很早就有了负数的概念，在《九章算术》中就有负数及其四则运算法则，但是在开方时，求负根这个问题却迟迟没有得到解决，中国传统的高次方程主要解决其一个正根问题，解法高效，可以满足社会生活和社会实践活动的需要。直到清朝的李锐时期才开始接受并求解方程的负根，而且指出，求方程的负根与正根在求解程序上无异。相关三次方程的求根公式以及高次方程公式解的问题，参见本章小知识：一元三次方程的公式解法。

1. 李锐的寄位代开法

李锐在其《开方说》第二卷中说道：

凡平方二数，以平方开一数，其一数可以除代开之。立方三数，以立方开一数，其二数可以平方代开一数，除代开一数。三乘方四数，以三乘方开一数，其三数可以立方代开一数，平方代开一数，除代开一数。其法以本乘方先开一数，副置先开数，加减（同名减，异名加）末商，名曰寄位，以其余递降一乘开之。所得加减寄位（同名加，异名减），为又一数。

方程 $x^3-151x^2+2838x-14040=0$ 有根 $x_1=9$，$x_2=12$，$x_3=130$。开方时第一个根可能是这三个根中的任何一个，图7-1李锐寄位代开法一就是先开的 x_1，再利用"寄位代开法"得到 x_2，最后得到 x_3 的过程。

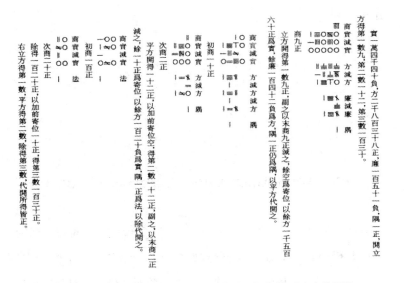

图7-1 李锐寄位代开法一（来自《中华大典·数学典》"开方总部"）

首先开三次方得第一位最小正根 $x_1=9$，并寄位副置 9，与此时末商 9 相减得 0（"同减异加"）为寄位。此时方程降为二次方程 $x^2-142x+1560=0$，开平方得小正根 12，12 加（"同加异减"）前面寄位 0 得 12 为三次方程的第二个根，12 减去末商 2 得 10 为寄位。此时，二次方程降次为一次方程 $x-120=0$，除得 120，加（"同加异减"）前寄位 10 得三次方程的第三个根 130。

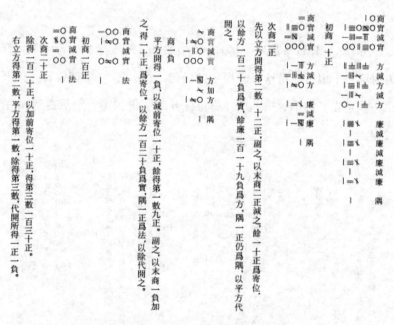

图 7-2 李锐寄位代开法二（来自《中华大典·数学典》"开方总部"）

其次，同理可得。如首次开得 12，则 12-2=10 为寄位；降为二次方程开得 -1，与前寄位 10 异号减之，10-1=9 得第一个根，9 与末商 -1 异号加得 10 为寄位；降次一次方程除得 120，与前寄位同号加得第三根 120+10=130。

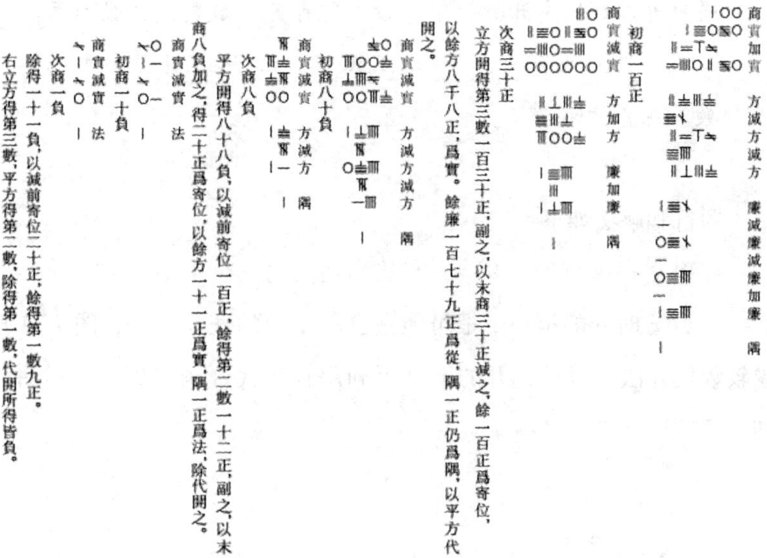

图7-3　李锐寄位代开法三（来自《中华大典·数学典》"开方总部"）

最后，如首次开得130，则130-30=100（同减异加）为寄位；降为二次方程开得-88，与前寄位100异号减之，100-88=12得第二个根，12与末商-8异号相加12+8=20得20为寄位；降次一次方程除得-11，与前寄位异号减得第三根20-11=9。

2. 李锐的较数代开法

又一术，"以本乘方先开一数。讫，变之，以递降一乘代开之，所得为较数，以较数加减（同名加，异名减）。先得数为又一数"，并释在下。

此即为李锐较数代开法。

凡立方可开三数，先开一数讫。变之，验其所变之数，若可开二数则先开数为第一数，若可开一数则先开数为第二数，若无数可开，（谓无正数可开），则先开数为第三数。他皆仿此。

题目和解法如下：

方程 $x^3-16x^2+73x-90=0$ 有从小到大的三个正根 $x_1=2$，$x_2=5$，$x_3=9$。开方时开的第一个根可能是这三个中的任何一个，图 7-4 李锐较数代开法一就是先开的 x_1，再利用较数代开法得到 x_2，最后得到 x_3 过程。

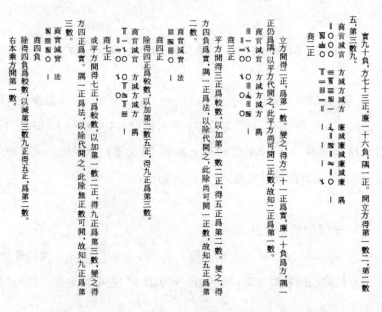

图 7-4　李锐较数代开法一（来自《中华大典·数学典》"开方总部"）

首先开三次方得方程的最小正根 $x_1=2$，变之得到降次后的二次方程 $x^2-10x+21=0$，因为方程可以开出两个正根，所以 2 就是第一个根，开平方得根 3 为较数，加上第一个根 2 得到三次方程的第二个根 5，继续降次得到一次方程 $x-4=0$，得正根 4，可知前面的 5 是第二个根，且 5 为较数，与 4 相加得 9 为此三次方程的第三个根。这里，如果说 $x^2-10x+21=0$ 开得的是 7，则与前较数 2 相加为 9，又因为此时二次方程会降次为 $x+4=0$，除得根为 -4，所以 9 为三次方程的第三根，此时 4 为较数，与 9 相减，可得三次方程的第二根 5。

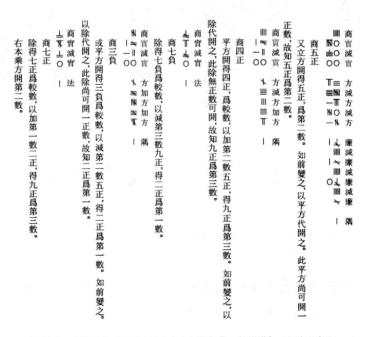

图 7-5　李锐较数代开法二（来自《中华大典·数学典》"开方总部"）

其次，同理可得。如首次开得 5，降次后的二次方程可开得一正数 4，所以 5 为三次方程的第二个根，所开的 4 为较数，加 5 得 9，为三次方程的第三个根，这是因为降为一次的方程除得-7，此为较数，与9相减得2，为三次方程的第一个根。

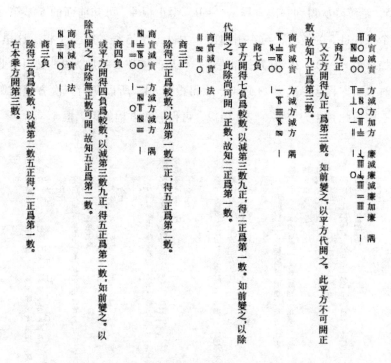

图7-6 李锐较数代开法三（来自《中华大典·数学典》"开方总部"）

最后，如首次开得9，则降次的二次方程开得-7和-4两个负根。若开得-7为较数，则9为三次方程的第三个根，且9-7＝2为三次方程的第一个根，并无较数，降次的一次方程根为3，加较数2得5，为三次方程的第二个根。如果开平方得-4，因为降次的一次方程根为-3，所以较数9-4＝5，为三次方程的第二个根，且为较数，降次的一次方程得-3，则较数5-3＝2，得三次方程的第一个根。

3. 程之骥解四次方程举例

李锐的方法可以说很实用简捷，可是不知什么原因后来的华蘅芳反而给出一种更为复杂的方法，尽管程之骥进行了补充和简化，但是远不如增乘开方法简单。就增乘开方法而言，由此遭遇了与之前相同的历史命运，明清失传，李锐等重新发现并以之为工具在方程论方面取得了不错结果。但是李锐后来的华蘅芳和程之骥，却放弃了李锐等人的也就是宋元时期的增乘开方法，复杂了简单问题，原因值得研究。

下面我们通过一个题目展示一下程之骥改进华蘅芳方法之后的方法，有兴趣的话，请与第四章《开方术的发展（二）：增乘开方法即霍纳算法》中华蘅芳的方法进行一下对比。程之骥的方法仍然烦琐，开方过程用筹算，这里用图表的形式简化后展示如下。

对于四次方程：

$$-x^4+20230x^3-139638900x^2+349562206490x-143010419011499$$
$$=0^{[1]}$$

解得 $x_1=503$，$x_2=6529$，$x_3=6581$，$x_4=6617$。

该方法比李锐的较数开方法更复杂一些。具体解法如下：

---

[1]　程之骥．开方用表简术．清光绪十四年（1888）南菁书院的刻本．该题目的解答过程中有缺损部分，这里根据算理予以补充完整。读者可对照本书第四章《开方术的发展（二）：增乘开方法即霍纳法》中（5. 华蘅芳的"增乘开方"）的 $5x^4-3x^3-12x^2-9x-50334=0$，开得 $x=18$ 的例题。

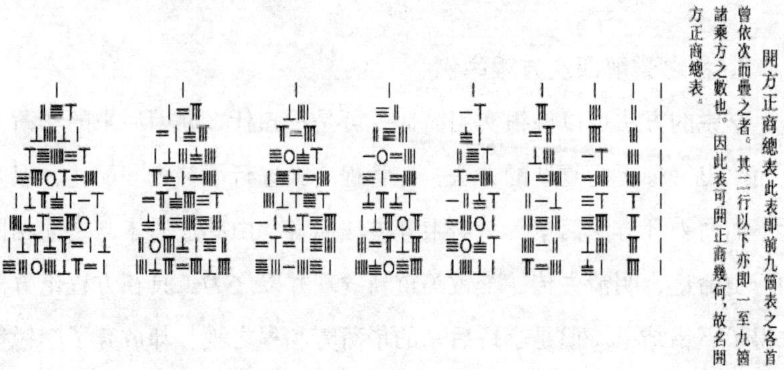

開方正商總表此表即前九筭表之各首
曾依次而疊之者。其二行以下即一至九筭
諸乘方之數也。
因此表可開正商幾何,故名開
方正商總表。

图7-7 程之骥之开方正商总表(来自《中华大典·数学典》"开方总部")

(1)求得第一个根 $x_1 = 503$。列式、进位,参照《开方用表简术》中的正商总表前五竖行(开四次方)。

步算

−1	20230	−139638900	349562206490	−1430101419011499

进位

−100000000	20230000000	−1396389000000	34956220649000	−1430101419011499

将正商总表前五竖行的筹码改写为阿拉伯数码

1	1	1	1	1
16	8	4	2	1
81	27	9	3	1
256	64	16	4	1
625	125	25	5	1
1296	216	36	6	1
2401	343	49	7	1
4096	512	64	8	1
6561	729	81	9	1

-100000000	20230000000	-1396389000000	34956220649000	-143010419011499	-109430457362499
-1600000000	161840000000	-5585556000000	69912441298000	-143010419011499	-78523293713499
-8100000000	546210000000	-12567501000000	104868661947000	-143010419011499	-51171148064499
-25600000000	1294720000000	-22342224000000	1369824882596000	-143010419011499	-24258640415499
-62500000000	2528750000000	-34909725000000	174781103245000	-143010419011499	-672790766499
-129600000000	4369680000000	-50270004000000	209737323894000	-143010419011499	20696980882501

逐行之和

（2）利用正商总表前五竖行，对应相乘至第六层（此时五、六层异号），此时知道第一个根的初商为 500，因为估初商时知道首位为百位。这里程之骥的方法比第四章的华蘅芳的开方法简单一些，按照华蘅芳的方法需要计算 5 步才能算出初商为 500。

（3）正商五之表的前五行（竖行）由正商一之表的前五行（竖行）与"1，5，25，75，125，625""齐其行次"相乘可得。

正商一之表前五竖行

1	1	1	1	1
4	3	2	1	
6	3	1		
4	1			
1				

5^n

1
5
25
125
625

正商五之表前五竖行

625	125	25	5	1
500	75	10	1	
150	15	1		
20	1			
1				

然后，取正商五之表的前五行（竖行）与"步算进位后的方程"的横式逐层（横行）对应列相乘可得。

-100000000	20230000000	-1396389000000	34956220649000	-143010419011499

利用前面程之骥的正商五之表前五竖行

625	125	25	5	1
500	75	10	1	
150	15	1		
20	1			
1				

计算得到下面五层

					逐层之和
-62500000000	2528750000000	-34909725000000	174781103245000	-143010419011499	-672790766499
-50000000000	1517250000000	-13963890000000	34956220649000		22459580649000
-15000000000	303450000000	-1396389000000			-1107939000000
-2000000000	20230000000				18230000000
-100000000					-100000000

上面的"逐层之和"即为余式，可以看出无法开的次商，记之为0。将余式退位（方退2位，上廉退4位，下廉退6位，隅退8位），横列，并与正商五之表的前五行（竖行）逐层（横行）对应列相乘可得。

-1	18230	-110793900	224595806490	-672790766499

正商总表前五行(取前三层/前三横行,因为第三层的和为0)

1	1	1	1	1
16	8	4	2	1
81	27	9	3	1

					逐层之和
-1	18230	-110793900	224595806490	-672790766499	-448305735680
-16	145840	-443175600	449191612980	-672790766499	-224042186295
-81	492210	-997145100	673787419470	-672790766499	0

上式"逐层之和"的第三层为0，知道第一个根的末商为3，即为 $x_1 = 503$。因为上式的末商为3，所以取正商三之表的前五(竖)行与方程的系数横列相乘后得到下面的结果。

$$-x^4 + 18230x^3 - 110793900x^2 + 224595806490x - 672790766499 = 0$$

-1	18230	-110793900	224595806490	-672790766499

利用程之骥正商三之表前五竖行

81	27	9	3	1
108	27	6	1	
54	9	1		
12	1			
1				

计算得到

					逐层之和
-81	492210	-997145100	673787419470	-672790766499	0
-108	492210	-664763400	224595806490		223931535192
-54	164070	-110793900			-110629884
-12	18230				18218
-1					-1

可见，上式"逐层之和"的首层为 0，所以可以去掉该层，原四次方程变为三次方程。

（2）求得第二个正根 $x_2 = 6529$。[1] 下面看一下程之骥对如下三次方程的解法。

$$-x^3 + 18218x^2 - 110629884x - 223931535192 = 0$$

---

[1] 程之骥的方法形式上比华蘅芳的方法简单了一些，只是表现在求根的每一商，如果是 n（1 至 9 间的任意一个数），华蘅芳需要用连续的 n 次开方方法求得，每次都是使用"贾宪三角"，即程之骥的"正商一之表"。而程之骥在华蘅芳的基础上给出了"正商一之表"直到"正商九之表"，再加用取自 9 个表的第一层组成的"开方正商总表"共计 10 个表，当然对应的也有 10 个"开方负商表格"。利用这些事先算好的表格，至少就可以把每一位商无论是几，一步就可以得出来，比如8，则需要判断这位商是 8，再用"正商八之表"进行开方。但实际上，对于一种算法来说，按照算法优劣的标准，特别是使用计算机的今天，"增乘开方-华蘅芳开方-程之骥开方"不是改进和发展，而是一种后退，这是一个值得思考的问题。

-1	18218	-110629884	223931535192

步之(隔算定位)

-1000000000	18218000000	-110629884000	223931535192

正商总表前七行,因为六七行才开始异号

1	1	1	1
8	4	2	1
27	9	3	1
64	16	4	1
125	25	5	1
216	36	6	1
343	49	7	1

				逐层之和
-1000000000	18218000000	-110629884000	223931535192	130519651192
-8000000000	7287200000	-221259768000	223931535192	675437671192
-27000000000	16396200000	-330889652000	223931535192	29003883192
-64000000000	29148800000	-442519536000	223931535192	8899999192
-125000000000	4554500000	-55314942000	223931535192	1232115192
-216000000000	65584800000	-663779304000	223931535192	231192
-343000000000	89268200000	-774409188000	223931535192	-795652808

由此可以判断"较数"的初商为"6000",用"正商六之表"的前四行,按照同样的方式处理这个方程。

$$-x^3+18218x^2-110629884x-223931535192=0$$

-1000000000	18218000000	-110629884000	223931535192

正商六之表前四行

216	36	6	1
108	12	1	
18	1		
1			

				逐层之和
-216000000000	655848000000	-663779304000	223931535192	231192
-108000000000	218616000000	-110629884000		-13884000
-18000000000	18218000000			218000000
-1000000000				-1000000000

对上面的"逐层之和"即"余式",进行退位(方退二,廉退四,下退六),并用正商总表前四行处理它。

退位(隔算定位)

-1000	21800	-138840	231192

利用程之骥的正商总表前四行,前三层(二、三层已异号)

1	1	1	1
8	4	2	1
27	9	3	1

计算得到

				逐层之和
-1000	21800	-138840	231192	113152
-8000	87200	-277680	231192	32712
-27000	196200	-416520	231192	-16128

由上第三层已异号,可知"较数"的初商为"20"。用"正商二之表"前四行与上式的"逐层之和"即"余式"横列,"齐其行次,逐层相乘",结果如下。

-1000	21800	-138840	231192

利用程之骥的正商二之表

8	4	2	1
12	4	1	
6	1		
1			

计算得到

				逐层之和
-8000	87200	-277680	231192	32712
-12000	87200	-138840		-63640
-6000	21800			15800
-1000				-1000

上式的"逐层之和"即"余式"退位(方一、廉二、下退三)横列，与正商总表前四行，如前相乘可得。

| -1000 | 15800 | -63640 | 32712 |

退位(隔算定位)

| -1 | 158 | -6364 | 32712 |

正商二之表前四行，前六层(因为第六层之和为0)

1	1	1	1
8	4	2	1
27	9	3	1
64	16	4	1
125	25	5	1
216	36	6	1

				逐层之和
-1	158	-6364	32712	26505
-8	632	-12728	32712	20608
-27	1422	-19092	32712	15015
-64	2528	-25456	32712	9720
-125	3950	-31820	32712	4717
-216	5688	-38184	32712	0

见到"逐层之和"的第六层为 0，可得较数末商为 6，与前初商 6000、次商 20 累加，得较数为 6026，与第一个根 503 相加得 $x_2 =$ 6529。[1]

(3)求得第三个正根 $x_3 = 6581$。"又因末商六，乃取'正商六之表前'四行与上横式齐其行次，逐层相乘得数如下"：(下面计算为补校内容)

---

[1] 这里的方法与李锐的"较数代开法"相同。

-1	158	-6364	3272
-1	158	-6364	
-1	158		
-1			

正商六之表前四行			
216	36	6	1
108	12	1	
18	1		
1			

				各层并数
-216	5688	-38184	32712	0
-108	1896	-6364		-4576
-18	158			140
-1				-1

"各层并数"可去首层0，以下三层作平方式，又将平方式方进一位，隔进两位，横列之，与正商总表相乘，得数如下：

$$-x^2+140x-4576=0$$

正商六之表前三行		
1	1	1
4	2	1
9	3	1
16	4	1
25	5	1
36	6	1

-100	1400	-4576
-100	1400	-4576
-100	1400	-4576
-100	1400	-4576
-100	1400	-4576
-100	1400	-4576

			各层并数
-100	1400	-4576	-3276
-400	2800	-4576	-2176
-900	4200	-4576	-1276
-1600	5600	-4576	-576
-2500	7000	-4576	-76
-3600	8400	-4576	224

这里因为"各层并数"第六层变号，所以知道较数的初商为50，取"正商五之表"的前三行，与"-100，1400，-4576""齐其行次"乘得结果如下：

-1	140	-4576

进位（隔算定位）

-100	1400	-4576

正商5之表前三行

25	5	1
10	1	
1		

			逐层之和
-2500	7000	-4576	-76
-1000	1400		400
-100			-100

将上面的余式"-76，400，-100"退位，即"廉一、隅二"横列之，与正商总表前三行，前两层(第二层并数为 0)相乘。计算结果如下。

-100	400	-76

退位(隔算定位)

-1	40	-76

正商总表前三行

1	1	1
4	2	1

			逐层之和
-1	40	-76	-37
-4	80	-76	0

由此"逐层之和"第二层为 0，知道较数末商为 2，即第二与第三个根的较数为 52，所以可得 6529，加 52 得第三个根 $x_3 = 6581$。

(4)求得第四个正根 $x_4 = 6617$。因为末商为 2，所以取"正商二之表"前三行与横列的上式"-1，40，-76"相乘，得到如下结果。

-1	40	-76

正商二之表前三行

4	2	1
4	1	
1		

			逐层之和
-4	80	-76	0
-4	40		36
-1			-1

此"逐层之和"可去掉首层"0"，即得方程：$-x+36=0$，于是可得第三与第四个根的较数为"36"，较数与第三个根 $x_3=6581$ 相加，可得第四个根 $x_4=6617$。

由该题目的计算可知，程之骥所谓"拟名《开方用表简术》，盖似较原术可略从简省云"，只是在形式上比华蘅芳的简单了一些，但是就计算来说破坏了程序性，也就是说在使用现在的计算机计算时，程之骥方法的速度未必比华蘅芳的方法快捷。另外，这种方法比李锐基于增乘开方的"较数代开法"复杂了不知多少倍，这种算法上的倒退，确实令人费解。

4. 有负根方程的解法

下面，以李锐开得负根的二次方程和三次方程为例，来说明李锐求解方程负根时的具体操作过程。

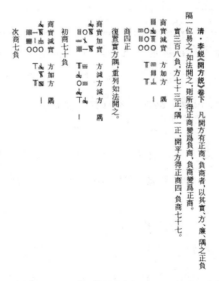

图7-8 有负根的二次方程（来自《中华大典·数学典》"开方总部"）

该一元二次方程为 $x^2+73x-308=0$，现在用"十字相乘"或用二元一次方程万能解法[1]容易得到方程的两个根分别是：$(x-4)(x+77)=0$，$x_1=4$，$x_2=-77$。

而李锐利用开方程序开的第一个根，即正根 $x_1=4$。第二个根，即负根 $x_2=-77$。

-7	次商	-70	初商
-518	实	-308	实
518	减	-210	加
0	实	-518	实
		73	方
-67	方	-70	减
-7	加	3	方
-74	方	-70	减
		-67	方
1	隔	1	隔

4	商
-308	实
308	减
0	实
73	方
4	加
77	方
1	隔

从开方程序来看，与宋元的"增乘开方法"没有区别，在符号的处理上乘法不变，所以开正根与负根无异，在加减"实"时按照"同号相加，异号相减"的原则来计算。李锐说：

> 凡开方有正商、负商者，以其实、方、廉、隔之正负，隔一位易之，如法开之，则所得正商变为负商，负商变为正商。

---

[1] 一元二次方程的求根公式：对于 $ax^2+bx+c=0$，$a\neq 0$，有 x_1，$x_2=\dfrac{-b\pm\sqrt{b^2-4ac}}{2a}$。

即将方程 $x^2+73x-308=0$ 变为 $x^2-73x-308=0$，则新方程的根与原方程根的符号刚好相反。这一点显然成立。$(x+4)(x-77)=0$，$x_1=-4$，$x_2=77$，李锐用开方法演算验证了这个结论。

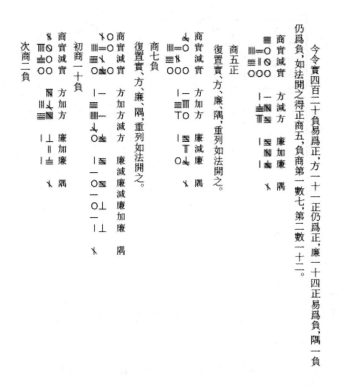

图 7-9　有负根的三次方程（来自《中华大典·数学典》"开方总部"）

一元三次方程 $-x^3-14x^2+11x+420=0$ 是由 $-x^3+14x^2+11x-420=0$ 从常数项向左"隔位变号"得到，按照李锐的方法知道这两个方程的根都差一个符号。一般来说，现在解一元三次方程略有麻烦，"卡丹公式"或者"盛金公式"解法可以参见本章的小知识。该方程化为 $(x-5)(x+7)(x+12)=0$，三个根分别是：$x_1=5$，$x_2=-7$，$x_3=-12$。

若开方得到方程的第一个根，即正根 $x_1=5$，做法与现在的综合除法相同。李锐利用开方法解得方程的第二个根 $x_2=-7$ 和方程的第三个根 $x_3=-12$。

5	商
420	实
-420	减
0	实
11	方
-96	减
84	方
-14	廉
-5	加
-19	廉
1	隅

$$
\begin{array}{rrrrr}
& & & & 5 \\
-1 & -14 & 11 & 420 \\
& -5 & -95 & -420 \\
\hline
-1 & -19 & -84 & 0
\end{array}
$$

综合除法

这里开得正根 5 的形式与宋元时的方法不同，在操作的表格中保留了"以廉乘商方，命实而除之"，即：以"商"乘"隅"加到"廉"上，再用"商"乘"廉"加到"方"上，最后用"商"乘"方"，与"实"相消的一种"边乘边加"的计算过程，和现在的综合除法做法相同。

求得负根-7 的过程与求得正根 5 的过程类似。

-7	商
420	实
-420	减
0	实
11	方
49	加
60	方
-14	廉
7	减
-7	廉
-1	隅

$$
\begin{array}{rrrr}
 & & & -7 \\
-1 & -14 & 11 & 420 \\
 & 7 & 49 & -420 \\
\hline
-1 & -7 & 60 & 0
\end{array}
$$

综合除法

　　求得负根-12的过程中因为根有两位，在第一位和第二位减根过程中间多了系数的变化，而略显复杂一点。

-10	商
420	实
-510	减
-90	实
11	方
40	加
51	方
-14	廉
10	减
-4	廉
-1	隅

$$
\begin{array}{rrrr}
 & & & -10 \\
-1 & -14 & 11 & 420 \\
 & 10 & 40 & -510 \\
\hline
-1 & -4 & 51 & -90
\end{array}
$$

综合除法

−10	商
−90	实
51	方
−60	减
−9	方
−4	廉
10	减
6	廉
−1	隅

减根−10 后的续开的方程

$$
\begin{array}{rrrr}
 & & & -10 \\
-1 & -4 & 51 & -90 \\
 & & 10 & -60 \\
\hline
-1 & 6 & -9 &
\end{array}
$$

综合除法

−2	商
−90	实
90	减
0	实
−9	方
−36	加
−45	方
16	廉
2	加
18	廉
−1	隅

续商第二位−2

$$
\begin{array}{rrrr}
 & & & -2 \\
-1 & 16 & -9 & -90 \\
 & 2 & -36 & 90 \\
\hline
-1 & 18 & -45 & 0
\end{array}
$$

综合除法

从开方程序来看，与宋元的"增乘开方法"没有区别，在符号的处理上乘法不变，只是运算时要带着符号一起计算，所以开正根与负根无异，在加减"实"时按照"同号相加，异号相减"的原则来计算。就现在来看也不失为一种好方法，当然可以略微变通一下，即用开方法开得一根 5，然后用这个根的因式和原方程对应的多项式做综合除法，把三次方程 $-x^3-14x^2+11x+420=0$ 变为二次方程 $x^2+73x-308=0$，然后用二元一次方程的求根公式得到两个根−7 和−12 即可。

综上，从上面几个解三次方程的例子来看，基于中国传统开方的解决方式尽管复杂一些，但不能说效果不好。与 1545 年卡当发表在《大法》上由他的师父塔塔利亚发现的"卡当公式"，以及现在人们解三次方程常用到的"盛金公式"相比，具有浓郁的中国传统特色，而且效果也不错。

中国解方程的方法并未就此止步，华蘅芳通过对朱世杰开方法的研究，发现了他认为是朱世杰的"增乘开方法"，实际上并非如此。此后，程之骥在华蘅芳工作的基础上简化了华蘅芳的开方法（解方程的方法）。基于中国传统开方法的解一元高次方程的方法适用于任意高次方程，这也是此方法的优越性之一[1]。

小知识◎一元三次方程的公式解法

对于标准形式的一元三次方程 $ax^3+bx^2+cx+d=0$，其中 a，b，c，$d \in R$ 且 $a \neq 0$。三次方程的解法思想是通过配方和换元，使三次方程降次为二次方程，进而求解。其他解法还

---

[1] 对于高次方程而言，我们所举方程的根都是整数。当方程的根是无理数时，中国的开方术方法也会面临同样的难题，当然求出任意高次方程一个根的数值解是没有问题的。

有卡当公式和盛金公式解法等。其中，公式算法有意大利学者卡当于 1546 年发表的卡当公式法和中国学者范盛金于 1989 年发表的盛金公式法两种。它们都可以解标准型的一元三次方程。用卡当公式解题方便，相比之下，盛金公式虽然形式简单，但是整体较为冗长，不方便记忆，但其实际解题更为直观。

唐代王孝通在其《缉古算经》中首先给出了 25 个三次方程并给出了一个正根的数值解法，北宋贾宪和南宋秦九韶给出了求三次方程乃至更高次方程正根的"增乘开方法"，即后来的霍纳法。11 世纪的波斯数学家海亚姆通过用圆锥截面与圆相交的方法构建了三次方程的解法。意大利的塔塔利亚最早给出了三次方程的一般解法，由于卡丹在 1545 年首先发表了三次方程 $x^3+px+q=0$ 的解法，实际上是塔塔利亚公式，被误称为"卡当公式"，并沿用至今。1989 年范盛金发表了盛金公式。

卡当公式：对于特殊的 $x^3+px+q=0$，卡当给出了公式解：

$$x_1 = \sqrt[3]{-\frac{q}{2}+\sqrt{\left(\frac{q}{2}\right)^2+\left(\frac{p}{3}\right)^3}} + \sqrt[3]{-\frac{q}{2}-\sqrt{\left(\frac{q}{2}\right)^2+\left(\frac{p}{3}\right)^3}}$$

$$x_2 = \omega\sqrt[3]{-\frac{q}{2}+\sqrt{\left(\frac{q}{2}\right)^2+\left(\frac{p}{3}\right)^3}} + \omega^2\sqrt[3]{-\frac{q}{2}-\sqrt{\left(\frac{q}{2}\right)^2+\left(\frac{p}{3}\right)^3}}$$

$$x_3 = \omega^2\sqrt[3]{-\frac{q}{2}+\sqrt{\left(\frac{q}{2}\right)^2+\left(\frac{p}{3}\right)^3}} + \omega\sqrt[3]{-\frac{q}{2}-\sqrt{\left(\frac{q}{2}\right)^2+\left(\frac{p}{3}\right)^3}}$$

Δ>0，方程有一个实根，两个复数根；

Δ=0，方程有三实根，$p=q=0$ 时三根均为 0，p，$q\neq0$ 时有两等根；

Δ<0，方程有三不等实根。

其中：$\omega=\dfrac{-1+\sqrt{3}i}{2}$，判别式：$\Delta=\left(\dfrac{q}{2}\right)^{2}+\left(\dfrac{p}{3}\right)^{3}$。

该公式可先令 $x=\sqrt[3]{A}+\sqrt[3]{B}$，代入方程后，利用待定系数法可以转化为两个一元二次方程，求解即可。

对于 $ax^{3}+bx^{2}+cx+d=0$，只需要方程两边同时除以 a，并令 $x=y-\dfrac{b}{3a}$，即可得到 $y^{3}+py+q=0$ 的形式。

盛金公式：1989 年，中国的一名中学数学教师范盛金对解一元三次方程问题进行了深入的研究和探索，发现了比卡当公式更实用的新求根公式——盛金公式，并建立了简明、直观、实用的新判别法——盛金判别法。实际上该方法与卡当公式等价，只是形式上更简明一些。公式的具体内容这里就不一一列举了，现在对这个公式，国内也有一些争议。

同理，也可以得到四次方程的公式解。一元三次、四次方程的一般求根公式找到后，人们又努力寻找一元五次方程的一般求根公式，但没有人成功，这些经过尝试而没有得到结果的人当中，不乏大数学家。

后来，年轻的挪威数学家阿贝尔于 1824 年证明，5 次和 5 次以上方程没有公式解。不过，对这个问题的研究，其实并没结束，因为人们发现有些 5 次方程可有求根公式。19

世纪上半期，法国天才数学家伽罗华利用他创造的全新的数学方法证明 5 次和 5 次以上的方程没有一般公式解，由此一门新的数学分支"群论"诞生了。

第八章 从开方算法看中国古代数学的特征和意义

数学的发展有两大源头，即以《几何原本》为代表的具有封闭特征和几何倾向的西方逻辑演绎体系和以《九章算术》为范例的具有模型化开放性和代数诉求的东方算法体系。两大体系此消彼长，互有所长，交相辉映，最终交汇融合为现代数学。中国数学在明清前，独立地达到了很高的水平，也为中国科技的壮大和发展提供了有力的支撑，华夏文明也经丝绸之路享誉世界。21 世纪，随着高新科技的发展，以模型化和程序化为特征的东方算法体系再次发挥着它的巨大作用。今天，电子计算机的广泛应用使人们重新认识到中国算法的重要意义。

一、中国古代数学的特征

数学是宇宙的语言，是用来描摹世界的工具。同时，它又是一种有生命力的结构，依靠自身的逻辑展开和发展。最初的数学更多的是关注数量形式和空间形式，在不同的文化里，在数学的童年时期关注的问题大抵相同。数学具有同源性，不会因为在地球的不同地方，数学就会有所不同，即具有一致性。因为它们关注的是同一个世界，比如东方的勾股定理和西方的毕达哥拉斯定理，名称不同，但是它们都是直角三角形各边间的数量关系，即 $a^2+b^2=c^2$。但是由于地域不同和文化不同，数学的侧重点也会有所不同。比如中国古典数学在表现形式、思维模式、与社会实际的关系、研究的中心以及发展的历程等许多方面与其他文化传统，特别是古希腊的数学有较大的差别[1]。古希腊数学和中国古代数学有许多共同之处。但是，由于希腊和中国这两个文明古国的社会制度、数学和哲学的关系、文化背景及统治阶级对数学的态度等方面的差异，又决定了希腊与中国古代数学的很大

[1] 郭书春．中国古代的数学．北京：商务印书馆．1997：184-198.

不同。

　　首先是表现形式，我们看一下经典的数学著作的形式。我们知道数学有两大源头，一个是以《九章算术》为代表的东方的算法体系传统，另一个是以《几何原本》为范式的西方逻辑演绎体系。即古希腊数学常常采取公理化的形式，而中国古典数学，比如《九章算术》的开方术，采取的是术文（即算法统领例题）的形式。东西方的这两种形式，风格迥异，但是也只是形式不同，它们所描述的对象，要刻画的数量关系是相同的。就开方这一个问题而言，《九章算术》的体例是先给几个题目，然后是题目、答案和抽象的开方程序，刘徽注则对这个开方程序进行详尽的解释和说明，并对算法的准确性予以几何解释。而且，就《九章算术》的开方算法来说，也是有体系的。即它已经考虑到当时语境下的各种情形，因为当时要解决的问题只有求 $x^2 = N$，$x^3 = N$（其中 $N > 0$）和 $x^2 + Bx = A$($A > 0$，$B > 0$)，$x^3 + Bx^2 + Cx = A$($A > 0$，$B > 0$，$C > 0$)四种方程的一个正根。但是书中对前两种解释详细，开带从平方则一笔带过，这是因为它确实蕴含在开平方中。按说开带从立方也应如此，但却没有给出例题。另外在设计例题和开方术时还考虑到了开不尽（无理根）的处理方式，被开方数是分数、分母的根为无理数等情况也给出了例题和解决办法。另外，还有开圆术和开立圆术等。总之，把当时涉及的方程类型求一个正根的各种情况都考虑到了。

　　其次是数学理论的研究。古希腊数学使用演绎推理，使数学知识形成了严谨的公理化体系。就此，有人说中国数学里没有逻辑，没有证明，只是一些数学问题集。这种说法自然站不住脚，这是对中国古代数学缺乏了解的偏见。中国古代数学是一个算法的体系，在算法的形成和发展中逻辑、演绎和推理缺一不可，只是这些内容掩藏或者说融入算法里了。从前面几章讲述的开方内容来看，先是有定义，刘徽说"开方：求方幂之一面也……开立方、立方适等，求其一面也。"谢察微说："开方即自乘之还原也。"后来，开高次方因为没有几何模型对应解释，开方就定义为乘方的逆运算了。但是特别有意思的是，中国明代数学家周述学给出了开四、五、六次方的几何解释。然后，就是将用同一种数学方法解决的问题归为一类开方术，该算法随着历史的进程持续发展，经历了从特殊到一般的演绎过程。历经唐代 $x^3+Bx^2+Cx=A$ 方程系数均为正情况，到刘益对一元二次方程的"正负开方"，再到贾宪的"立成释锁"和"增乘开方"，直至秦九韶的"正负开方"已发展为解高次方程一个正根的一般解法，李冶和朱世杰继续完善这种算法，使其形式达到现在的一般形式。这种先进的解高次方程的方法，也促使列方程的手段不断提高，"天元术""四元术"出现并发展起来。明朝开方方法并无发展，还有些倒退，但是因为是用算盘开方，使得立成释锁开方有了一个新的外壳，另外算法口诀也使得珠算开方别具特色。清朝中后期，增乘开方法重新被发现，汪莱、李锐等数学家基于开方算法，取得了方程论的一些重要结果。因此，每一种算法都是有生命的，是按照自身的逻辑伴随着社会背景展开、生长、成熟起来的。

再次，算法的系统化、机械化、程序化和开放化。模型化的方法与开放性的归纳体系及算法化的内容之间是互相适应并且互相促进的。虽然，各个数学模型之间也有一定的联系，但是它们更具有相对独立性。一个数学模型的建立与其他数学模型之间并不存在逻辑依赖关系。所以也可以根据需要随时从社会实践中提炼出新的数学模型，而一定的算法必与一定的数学模型相匹配。因此，开放性的归纳体系和算法化的内容为模型化方法的发展提供了可能和需要。另一方面，由于运用模型化的方法研究数学，新的数学模型从何产生？这需要寻找现实原型、立足于现实问题的研究，这种模式就很难产生封闭式的演绎体系。解决实际问题还提出了这样的要求：对由模型化方法求得的结果必须能够检验其正确性和合理性，为了能够求得实际可用的结果，于是算法化的内容也就应运而生。中国古代就采用了位值制的十进制记数系统，用算筹作为算具，这样就为算法系统的开发提供了基础。筹算的使用使分离系数表示法自然而然，加之汉字的单音节性质也促成了筹算开方走向口诀化。中国算法就是针对一类问题设计出算法，并构造出一套程序化、机械化的算法来求解的，与我们现代的数学建模过程相仿，即将实际问题数学化，抽象出数学结构，给出算法，通过编程等手段借助计算机求解模型，重复这一过程不断调整中间环节，直到模型和实际问题尽量匹配。这里开方的定义即数学模型，开方术是程序化后的算法，利用算筹，依照算法就可算出数学模型的结果，其中只需利用开方式的系数，即高次方程的系数进行操作即可。而且这个算法是开放的和有生命力的，经历从简单到复杂的过程，直到秦九韶的"正负开方术"可以开任意次方或者可解任意高次方程。到明朝，算筹改为算盘，开方算法的口诀更为突出，归除开方算法较商除开方便捷了许多。

最后，中国数学和古希腊数学的特点与社会统治者的态度有关。古希腊的统治者非常重视数学，所以其数学有很强的连续性和继承性。中国历史上除个别统治者外，大都不重视数学。读经学礼，崇尚文史成为社会风气，也是价值取向。数学尽管是"六艺要事"，但不过是"九九贱技"，"可以兼明，不可以专业"，即使是隋唐时期的算学博士也不过是个比县令还小的有职无权的八品官。从事数学研究的人，更多的是凭借个人兴趣，比如大儒李冶说"其悯我者当百数，其笑我者当千数"。另外，历史上出现了一个奇怪的现象：太平盛世数学少有进展，倒是战乱时期多飞跃发展，比如战国时期《九章算术》主要成就奠基完成，魏晋南北朝数学理论的建立，宋元金辽时期的数学发展高潮。而在唐、明两代的盛世期间，数学则少有建树。战乱时难取仕途，知识分子会面对现实问题，转向内心按照自己的兴趣发挥自己的才智，这也许是上面所述怪现象的一个原因吧。

二、中国古代数学的地位和意义

开方算法是古代数学中的一个主要内容。和其他的辉煌成就一样，已日益得到国人和世界学术界有识之士的认可。世界是多元的，文化是多元的，数学也是多元的。而且在数学发展的长河中，中西数学研究两大源头独立发展，交相辉映，最终经阿拉伯数学家的传播最终交融在一起，汇流为当今的数学。公元 2 世纪前后，希腊数学式微，中国数学占据了世界数学舞台的中心，从此以算法研究为主的数学模式取代了几何研究范式。中国算法的成就通过各种途径，如丝绸之路传入西方，对刚经历过黑暗的中世纪欧洲文艺复兴时期的数学发展，起到了不可估量的影响，正是中国算法与古希腊几何学的结合，导致了解析几何学的产生，为常量数学转变为变量数学做出了贡献。

中国古代数学成就，比如高次方程的数值解法是进行爱国教育的优秀素材，而且许多成就本身对当前的数学教学仍具有现实意义。数学史的研究有三个维度，即为历史、为数学和为教育的维度。中国古代解决某些问题的方法，比现行中数学教科书中的方法要优越得多，中学讲解笔算开方，如果能把"增乘开方法"引入教学，无论从使用范围，还是理论深度上都有所扩大和深入。另外，在数学教学中进行素质教育是个瓶颈，数学教学中存在着无法渗透德育教学内容的难题。[1] 对于非数学专业数学的教学，由于它们对数学知识要求较低，数学思想的传授比数学知识的传授显得更为重要，因此上述问题尤其突出。另外，数学教材的编排在强调严谨和逻辑的前提下，有时会出现不符合认知规律的内容安排，也会影响教学效果。将数学的背景知识融入大学数学教学是解决这个问题的有效措施之一。数学史知识除了可以弥合数学科学和人文科学的裂痕外，其自身所展示的数学发展史实、逻辑，可以启发我们更合理地安排教学内容和更有创造性地实施教学。因为数学史具有科学属性和人文属性，因此数学史通过展示学科自身知识发展的来龙去脉，使人们总体把握学科发展脉络。再者，其特有的可以连接人文科学的性质，使得科学史在提倡素质、人文教育的大环境下成为理工院校突破人文、素质教育瓶颈的有力工具。实际上，数学的每一个概念、定理都有它产生、发展的历史过程。如果在教学过程中能够简单地介绍相关概念、定理的发展历史及有关历史事件，对数学的教学具有十分重要的意义。数学史先天就具备这个条件，因为数学史是研究数学发展进程与规律的学科，它包括研究数学发展的规律，研究社会因素的制约性，揭示数学发展的社会历史条件，研究数学对科学技术的作用等内容。

另外，数学史本身具有多方面的教育功能。它可以使读者知道数学成果是逐渐获得的，历史上很多数学发展模式，对学习者有很大的参考价值，可以陶冶人的思想情操，培养人的毅力和精细作风等。因此，英国数学家格雷舍说："任何企图将一种科目和它的历史割裂开

---

[1] 段耀勇. HPM 视角下的大学数学素质教育及教学. 西北师范大学学报. vol. 46, 2010: 3-6.

来，我确信，没有哪一种科目比数学的损失更大。"

HPM 是研究数学教学和数学史关联的一个国际性研究群体，它属于国际数学教育委员会，主要是强调数学史的教育功能，力图推广数学史知识在数学教育中的应用工作。尽管对 HPM 如何提高教师教学与学生的学习的观点，仍然众说纷纭，见仁见智。但是，数学课堂上运用数学史是 HPM 成员关注的目标则是不争之实。HPM 在课堂教学中的运用至少可以分成三个层次。一是在课堂上引入与教学内容相关的数学史知识，这对学员健全人格的成长具有一定的启发作用。二是在历史的维度中提供数学家的研究方法，从而在拓宽学员视野的同时，能够全面培养学员的思考弹性和认知能力；同时通过再现重要数学概念的发生、发展和完善的过程，为突破教学难点提供新视角。三是在历史的维度上赋予数学知识活动以文化意义，从而为在数学教育中践行多元文化提供思路。

比如在本书第一章第一节中提到的《九章算术·勾股》的最后一道题目，就可以作为小学算术或者中学方程求解的典型题目。

中国古代的数学思想和方法对当前的数学仍有启迪作用。有的数学大师"把构造性与机械化的数学看作是直接施用于现代计算机的数学"，中国数学就是这样的数学，吴文俊先生汲取中国古代的思想和方法，在几何定理的机器证明的研究上取得了举世瞩目的成就。他的"吴方法"在国际机器证明领域产生巨大的影响，有广泛、重要的应用价值。当前国际流行的主要符号计算软件都实现了吴文俊教授的算法。他预言，继续发扬中国古代传统数学的机械化特色，使数学在各个不同的领域实现机械化探索途径，建立机械化的数学，是可能绵亘整个 21 世纪才能趋于完成的事情。

图书在版编目（CIP）数据

中国的开方术与一元高次方程的数值解／段耀勇著.
— 郑州：中州古籍出版社，2020.7
（华夏文库科技书系）
ISBN 978-7-5348-9166-3

I. ①中… II. ①段… III. ①古典数学 – 研究 – 中国
IV. ①O11

中国版本图书馆 CIP 数据核字（2020）第 084941 号

华夏文库·科技书系
中国的开方术与一元高次方程的数值解

总 策 划　耿相新　郭孟良
项目协调　单占生
项目执行　萧梦麟
策划编辑　肖　泓
责任编辑　董祐君
责任校对　苏晓园
美术编辑　王　歌

出　　版　中州古籍出版社
　　　　　地址：河南省郑州市郑东新区祥盛街 27 号 6 层
　　　　　邮编：450016
　　　　　电话：0371-65788693
经　　销　新华书店
印　　刷　河南新华印刷集团有限公司
版　　次　2020 年 7 月第 1 版
印　　次　2020 年 7 月第 1 次印刷
开　　本　960 毫米×640 毫米　1/16
印　　张　13.75
字　　数　171 千字
定　　价　43.00 元

本书如有印装质量问题，由承印厂负责调换。